U0288679

ARTIFICIAL
INTELLIGENCE

人工智能超入门丛书

INTRODUCTION TO
VISUAL
PERCEPTION

视觉感知
深度学习如何知图辨物

龚超　王冀　袁元　著

化学工业出版社
·北京·

内容简介

"人工智能超入门丛书"致力于面向人工智能各技术方向零基础的读者，内容涉及数据思维、机器学习、视觉感知、情感分析、搜索算法、强化学习、知识图谱、专家系统等方向，体系完整、内容简洁、文字通俗，综合介绍人工智能相关知识，并辅以程序代码解决问题，使得零基础的读者快速入门。

《视觉感知：深度学习如何知图辨物》是"人工智能超入门丛书"中的分册，本分册主要介绍人工智能视觉领域的相关知识，以通俗易懂的文字风格，解读用卷积神经网络等深度学习算法及机器学习算法对图像进行分类和识别的方法，介绍OpenCV在图像处理中的基础知识，为进一步学习高阶内容奠定基础。同时，本书配有关键代码，让读者在学习过程中快速上手，提升解决问题的能力。

本书可以作为大学生以及想要走向计算机视觉相关工作岗位的技术人员的入门读物，同时，对人工智能感兴趣的人群也可以阅读。

图书在版编目（CIP）数据

视觉感知：深度学习如何知图辨物 / 龚超，王冀，袁元著 . —北京：化学工业出版社，2022.12（2023.8 重印）

（人工智能超入门丛书）

ISBN 978-7-122-42288-0

Ⅰ . ①视⋯ Ⅱ . ①龚⋯②王⋯③袁⋯ Ⅲ . ①图像识别 - 普及读物 Ⅳ . ① TP391.41-49

中国版本图书馆 CIP 数据核字（2022）第 181274 号

责任编辑：周 红 雷桐辉 曾 越   装帧设计：王晓宇
责任校对：赵懿桐

出版发行：化学工业出版社
　　　　　（北京市东城区青年湖南街 13 号　邮政编码 100011）
印　装：北京缤索印刷有限公司
880mm×1230mm　1/32　印张 7　字数 162 千字
2023 年 8 月北京第 1 版第 2 次印刷

购书咨询：010-64518888　　　　售后服务：010-64518899
网　址：http://www.cip.com.cn
凡购买本书，如有缺损质量问题，本社销售中心负责调换。

定　价：69.80元

新一代人工智能的崛起深刻影响着国际竞争格局，人工智能已经成为推动国家与人类社会发展的重大引擎。2017年，国务院发布《新一代人工智能发展规划》，其中明确指出：支持开展形式多样的人工智能科普活动，鼓励广大科技工作者投身人工智能知识的普及与推广，全面提高全社会对人工智能的整体认知和应用水平。实施全民智能教育项目，在中小学阶段设置人工智能相关课程，逐步推广编程教育，鼓励社会力量参与寓教于乐的编程教学软件、游戏的开发和推广。

为了贯彻落实《新一代人工智能发展规划》，国家有关部委相继颁布出台了一系列政策。截至2022年2月，全国共有440所高校设置了人工智能本科专业，387所普通高等学校高等职业教育（专科）设置了人工智能技术服务专业，一些高校甚至已经在积极探索人工智能跨学科的建设。在高中阶段，"人工智能初步"已经成为信息技术课程的选择性必修内容之一。在2022年实现"从0到1"突破的义务教育阶段信息科技课程标准中，明确要求在7～9年级需要学习"人工智能与智慧社会"相关内容，实际上，1～6年级阶段的不少内容也与人工智能关系密切，是学习人工智能的基础。

人工智能是一门具有高度交叉属性的学科，笔者认为其交叉性至少体现在三个方面：行业交叉、学科交叉、学派交叉。在大数据、算法、算力三驾马车的推动下，新一代人工智能已经逐步开始赋能各个行业，现在几乎没有哪一个行业不涉及人工智能有关元素。人工智能也在助力各学科的研究，近几年，《自然》等顶级刊物不断刊发人工智能赋能学科的文章，如人工智能推动数学、化学、生物、考古、设计、音乐以及美术等。人工智能内部的学派也在不断交叉融合，像知名的 AlphaGo，就是集三大主流学派优势制作，并且现在这种不同学派间取长补短的研究开展得如火如荼。总之，未来的学习、工作与生活中，人工智能赋能的身影将无处不在，因此掌握一定的人工智能知识与技能将大有裨益。

根据笔者长期从事人工智能教学、研究经验来看，一些人对人工智能还存在一定的误区。比如将编程与人工智能直接画上了等号，又或是认为人工智能就只有深度学习等。实际上，人工智能的知识体系十分庞大，内容涵盖相当广泛，不但有逻辑推理、知识工程、搜索算法等相关内容，还涉及机器学习、深度学习以及强化学习等算法模型。当然，了解人工智能的起源与发展、人工智能的道德伦理对正确认识人工智能和树立正确的价值观也是十分必要的。

通过对人工智能及其相关知识的系统学习，可以培养数学思维（Mathematical Thinking）、逻辑思维（Reasoning Thinking）、计算思维（Computational Thinking）、艺术思维（Artistic Thinking）、创新思维（Innovative Thinking）与数据思维（Data Thinking），即 MRCAID。然而遗憾的是，目前市场上既能较综合介绍人工智能相关知识，又能辅以程序代码解决问题，同时还能迅速入门的图书并不多见。因此笔者策划了本系列图书，以期实现体系内容较全、配合程序操练及上手简单方便等特点。

本书主要介绍一些关于人工智能视觉领域相关的知识。除介绍像卷积神经网络等深度学习算法解决图像分类问题外，也给出了如何利用传统机器学习算法进行图像识别的知识与技能。本书也介绍了 OpenCV 在图像处理中的一些基础知识，为进一步学习高阶的内容奠定了基础。第 1 章介绍了计算机视觉的基础知识与发展脉络，第 2 章介绍如何利用支持向量机解决分类问题以及其在手写数字图像识别中的运用，第 3 章介绍神经网络实现对 MNIST 手写数字数据集的分类，第 4 章和第 5 章介绍卷积神经网络的相关知识以及其实现图像分类的案例，第 6 章主要介绍 OpenCV 的基础知识，第 7 章在第 6 章的基础上，介绍了目标跟踪、目标检测、图像分割以及人脸识别等相关知识。本书的附录部分介绍了关于优化问题的基础知识以及给出了一步步实现神经网络的代码。

本书的出版要感谢曾提供热情指导与帮助的院士、教授、中小学教师等专家学者，也要感谢与笔者一起并肩参与写作的其他作者，同时还要感谢化学工业出版社编辑老师们的热情支持与一丝不苟的工作态度。

在本书的出版过程中，未来基因（北京）人工智能研究院、腾讯教育、阿里云、科大讯飞等机构给予了大力支持，在此一并表示感谢。同时，本书受"中央高校基本科研业务费专项资金"资助，在此表示感谢。

由于笔者水平有限，书中内容不可避免会存在疏漏，欢迎广大读者批评指正并提出宝贵的意见。

龚超

2022 年 9 月于清华大学

扫码获取本书内容中
相关链接

目录

第 6 章　OpenCV 基础　　118

人工智能**超**入门丛书

第 **1** 章

计算机视觉综述

1.1 生物的视界

1.1.1 三只眼

约 5.4 亿年前，生命形式出现了一次大爆发，称之为寒武纪生命大爆发（Cambrian Explosion）。在寒武纪生命大爆发之前，大多数生物是相对简单的。随着多样化的速度加快，生命的多样性变得更加复杂，几乎所有与今天相似的现代动物都出现在这一时期。

寒武纪生命大爆发的事实与查尔斯·达尔文（Charles Darwin）进化论中的观点相悖，因为进化论的观点认为，生物进化是缓慢进行的，经历了从水生到陆地、从简单到复杂、从低级到高级的过程，不会出现像寒武纪时期那样的暴增。但是如果真的按照这种观点，在前寒武纪时期也应该会有各种简单的多细胞动物的化石出现，然而目前看到的事实并非如此。因此，"寒武纪生命大爆发"被列入国际学术界的"十大科学难题"之一。

针对寒武纪生命大爆发有各种各样的解释，比如有与化石形成相关的，有与进化自身相关的，有与氧气量相关的，等等。安德鲁·帕克（Andrew Parker）在他的《第一只眼：掠食者、演化竞赛与达尔文之惑，视觉的出现与寒武纪生命大爆发》（图 1-1）一书中给出了一个观点，即原始动物视觉的发展导致了这场爆发。

在寒武纪之前，地球中是一个"盲目"的世界，原始动物可以感觉到光，但是"看不见"图像。因此，原始动物的捕食是被动的。然而，由于"眼睛"的出现，猎物的行为能够被看见，使得捕食的行为从被动转化为主动，"道高一尺，魔高一丈"，视觉的出现推动了捕食者和猎物之间不断升级的进化。这就是第一只眼——寒武纪之眼。

视觉感知：深度学习如何知图辨物

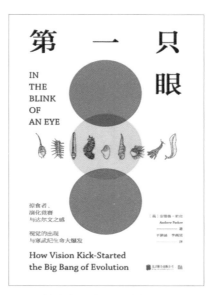

图 1-1 《第一只眼：掠食者、演化竞赛与达尔文之惑，视觉的出现与寒武纪生命大爆发》

　　如果说第一只眼开启了生物进化爆发之门，那么第二只眼则可以认为是开启了人工智能的一扇窗口。连接主义学派中的神经元，最早是由沃伦·麦卡洛克与沃尔特·哈里·皮茨提出的，他们提出的 MP 神经元是人工神经元的第一个数学模型。这个模型曾带给了沃尔特·哈里·皮茨无穷的希望，坚定了以"脑"为本的信念。随后一项与眼相关的实验，彻底颠覆了他的世界观，使得这位天才大师一蹶不振。1956 年，也就是达特茅斯会议召开的那年，沃伦·麦卡洛克的团队开展了一项实验，实验的目的是验证大脑是否为人体处理信息唯一的器官（图 1-2）。

　　如果大脑是人体处理信息的唯一器官，那么生物的眼睛则应该是被动接受它们所看到的东西，然后将信息传递至大脑。实验人员在青蛙的视觉神经上贴上一些电极，通过改变房间明暗、展示图片、人造苍蝇模拟等方式进行各种视觉实验，将青蛙的眼睛

图 1-2　青蛙实验

观察到的信息在送往大脑前"截"下来。

实验结果发现，青蛙的眼睛不仅接收了信息，它还将如对比度、曲率和运动轨迹等视觉特征通过分析并过滤出来传递给大脑[1]。这个实验说明生物的眼睛可以对信息进行解读，而不是将信息单纯地传递给大脑。因此也推翻了之前大脑是人体处理信息唯一器官的结论。

继第二只眼青蛙之眼后，使人工智能工作取得突破性进展的就是第三只眼——猫眼的研究。1959 年，神经科学家大卫·休伯尔（David H. Hubel）和托斯登·威塞尔（Torsten N. Wiesel）发表《猫纹状皮层中单个神经元的感受野》（*Receptive Fields of Single Neurones in the Cat's Striate Cortex*）一文，开启了新一轮的视觉研究[2][3]。

如图 1-3 所示，在猫的初级视觉皮层上插入记录电极，并且进行视觉上的刺激。在进行这个实验之前，假设在视觉皮层上的

---

[1] Lettvin J Y, Maturana H R, Mcculloch W S, et al. What the Frog's Eye Tells the Frog's Brain. Proceedings of the IRE, 1959, 47(11): 1940-1951.

[2] Hubel D H, Wiesel T N. Receptive Fields of Single Neurones in the Cat's Striate Cortex. The Journal of Physiology, 1959, 148:574-591.

[3] Hubel D H, Wiesel T N. Receptive Fields and Functional Architecture of Monkey Striate Cortex. The Journal of Physiology, 1968, 195(1):215-243.

刺激仍与在视网膜一样，对刺激的反应来自亮点与暗点，然而视觉皮层对它们却没有预计中的响应。由于一个不小心的偶然操作，玻璃板和投影仪使光条发生了改变，使得此次实验发现视觉皮层对光条的线条形状产生了反应。

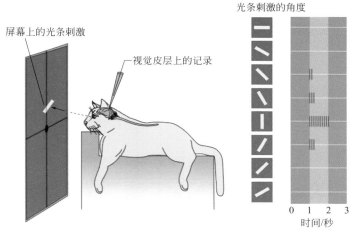

图 1-3　猫的视觉实验 [1]

此后，相关的一系列研究工作也终于让他们在 1981 年获得了诺贝尔生理学或医学奖。同时，这些成果对人工智能的研究与发展也起到了积极的促进作用，这说明，人工智能中的神经网络并不是一定要以全连接的形式运行。

1.1.2　眼见为实？

说到感知，就人类而言，最重要的莫过于视觉。据说人脑中约有三分之二的神经元负责视觉。在学习人工智能的视觉相关内

---

[1] Berga D. Understanding Eye Movements: Psychophysics and A Model of Primary Visual Cortex. Electronic Letters on Computer Vision and Image Analysis, 2020.

容之前，有必要先了解人类的视觉原理，这对理解人工智能的视觉大有裨益。

当我们看到一张五颜六色的照片时，其实这都是人脑内的神经元被激活而作用的结果。有一个误区是，当人们看到这样的照片时，人们以为他们看到了所有的颜色，其实事实并非如此。根据研究发现，人们的视觉感知只在注视点的中央是全真色彩和高分辨率的。可以做一个小实验，当你盯住某样物品时，你余光看到的颜色往往就暗淡了。

俗话说眼见为实，但情况果真如此吗？肉眼看到的图像信息，往往也容易误导我们。其实，人们"看"到的世界与真实的世界存在一定的差距。我们所"看"到的世界，更多的是人眼输入的视觉信号进入大脑，再由主观创造出来的"视界"。

比如在图1-4中，即便人们知道交叉的地方均为白点，然而余光还是不自觉地看到了黑点。这个也称为赫尔曼网格错觉，是一种视觉上的错觉，主要涉及感受野、侧抑制的相关概念。由此可见，看到的事物并不一定存在，而是通过复杂的视觉信息处理加工后主观创造出来的。

图1-5描绘了一个有明暗方块的棋盘，其中一部分区域中有

图1-4 赫尔曼网格错觉

视觉感知：深度学习如何知图辨物

圆柱体的阴影。可以观察一下图中的方格 A 与方格 B 颜色深度是否相同?

图 1-5 方格阴影(见前言二维码中网址 1)

如果不是事先知晓答案,相信很多人都会认为方格 A 的颜色要比方格 B 的深,真的是这样吗?这幅图称棋盘阴影错觉(checker shadow illusion),它是麻省理工学院教授爱德华·阿德尔森(Edward H.Adelson)于 1995 年提出的。在二维图像的背景下,这两个格子的颜色是相同的,如图 1-6 所示。

图 1-6 含遮挡的方格阴影

图 1-6 是在图 1-5 的基础上遮挡住了方格 A 与方格 B 周边的格子，在没有了周边格子颜色的影响下，可以明显看到方格 A 与方格 B 颜色是相同的。

这样的视觉错觉还有很多，比如康士维错觉 (Cornsweet Illusion)，是汤姆·康斯维特（Tom Cornsweet）在 20 世纪 60 年代末详细描述的一种光学幻觉。同样，在不知道细节的情况下，图 1-7 中很多人都会认为上面物体的颜色比下面物体的颜色部分要暗很多。

正如棋盘阴影错觉，用一个遮挡物遮住上下两个物体的边缘，可以看到它们的颜色是一样的。中间的区域，也就是边缘交汇的地方会让人产生错觉，如图 1-8 所示。

图 1-7　康士维错觉 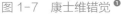　　　图 1-8　康士维错觉（遮挡后）

棋盘阴影错觉与康士维错觉非常相关，之所以产生这些错觉，是因为大脑对阴影的理解方式导致。人类的大脑使用相对颜色和阴影来确定图像中物体的颜色。视觉错误还有很多

---

❶ Welsh J. This Amazing Optical Illusion Has Been Taking The Internet By Storm — Here's Why Your Brain Gets Tricked. Business Insider, 2013.

种，比如缪勒 - 莱尔错觉（Maller-Lyer Illusion）、艾宾浩斯错觉（Ebbinghause Illusion）等，这里就不一一介绍了。

总之，从某种意义上来说，眼见也不一定为实。

1.2 人工智能的视界

1.2.1 数字图像类型

图像是视觉信息的重要信息载体，人们日常所见的属于可见光成像，除此之外，红外线、紫外线、微波以及 X 射线等非可见光也可以成像。

图像可以分为模拟图像和数字图像两种类型。模拟图像是指客观表示的图像，比如照片、印刷品、画册等，这样表示出来的空间，其坐标属于一种连续型的变量，这种连续型使得其图像无法通过计算机进行处理。

对模拟图像数字化处理后就可以得到数字图像，数字图像的坐标空间值属于离散型变量。图像是二维分布的信息，可以用二维的像素矩阵（加上时间这个维度后，图像则变为视频）表示，这种离散化也被称为采样。

对图像采样时，如果每行像素是 m 个，每列的像素是 n 个，则图像大小为 $m \times n$ 个像素，即图像的分辨率。分辨率不同，图像的质量也不相同。随着分辨率的降低，图像的清晰度也会下降，如图 1-9（a）所示，每一个小格均代表像素。

通过采样将图像变为一个个离散的像素，再将每个像素中所含的明暗信息离散化后用数值进行量化，比如采用 2^8 的 8 位量化方法，即从 0 到 255 量化描述从黑到白，这种图像称为灰度图像，如图 1-9（b）所示，每一个像素中均有对应的数值。最终，一幅

灰度图片就可以用一个 0 至 255 的数字矩阵表示，如图 1-9（c）
所示。

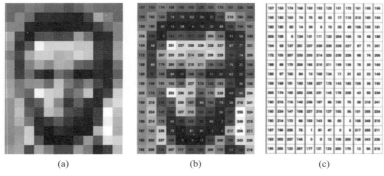

图 1-9　用像素值矩阵表示的灰度图像 ❶

灰度图像中不包含色彩，所以无法用于自然图像。但是数据
量较少，处理起来比较方便，在一些领域中仍然得到广泛的使用。

如果图像的像素值为 0 或 1，通常表示黑白两种颜色，称其
为二值图像，如图 1-10 所示。由于二值图像非常简单，尤其是在
做一些目标检测时只需判断有无，因此在特定的领域内依然使用
着二值图像。

主流的数字化图像存储格式，是将图像中的每一种颜色通过
红、绿、蓝三原色组成的数组来表达，分别构成了该色彩的 RGB
值，也称为三原色光模式，如图 1-11 所示。如果把一幅图像中每
个像素点的 RGB 值提取出来，则图将转变为 3 幅灰度图像。

三原色由一定范围的整数表示，如果是主流的 8bit 位图表现
法，数值的取值范围就是 0 ～ 255（总共 2^8 个数字），如图 1-11
所示就是 2^{24}（≈ 1670 万）种颜色，因此也被称为 24 位真彩色。

---

❶ Wevers M, Smits T. the Visual Digital Turn: Using Neural Networks to Study
Historical Images. Digital Scholarship in the Humanities, 2020, 35(01): 194-207.

图 1-10　二值图像

近年来手机和显示器屏幕的技术在不断升级，对颜色的表现精度要求不断提高，有的屏幕已经可以展现 10bit 位图（$2^{30} \approx 10.7$ 亿种颜色），甚至 12bit 位图（约 687 亿种颜色）。

图 1-11　RGB 图像

1.2.2　从图像到矩阵

图 1-12 是一张 32×32 像素的清华大学二校门的 RGB 图片，此处将演示如何将这一张图片转换成二值图像与灰度图像，并获得其数字矩阵。

将图片转成二值、灰度图像并获取相应的矩阵信息时，可以

利用 PIL 库，它是一个具有强大图像处理能力的第三方库。

利用 Image.open( ) 读取图片，利用 ".convert( )"将图片转换成特定格式，再用 "np.array( )"进行数组转换。其中，".convert( )"括号内的参数 1 表示黑白图像，参数 L 表示灰度图像，RGB 表示真彩色图像。

图 1-12　像素为 32×32 清华大学二校门 RGB 图片

```
import matplotlib.pyplot as plt
from PIL import Image
import numpy as np
img = np.array(Image.open("Pic01.jpg").convert("1"))
print(img)
plt.imshow(img, cmap='gray')
plt.show()
```

结果显示如下：

```
[[ True  True  True ...  True  True  True]
 [ True False  True ... False  True  True]
 [ True  True  True ...  True  True False]
 ...
 [ True False  True ... False False  True]
 [False  True False ... False False False]
 [False False  True ... False  True False]]
```

可以将代码 img = np.array(Image.open("Pic01.jpg").convert("1")) 中的参数 "1" 替换为 "L"，则可以获得灰度图像的数值矩阵与灰度图像，结果如下：

```
[[185 186 187 ... 202 203 204]
 [187 189 187 ... 204 204 204]
 [189 191 190 ... 205 206 206]
 ...
 [113 129  89 ...  38  33  93]
 [ 89 102  96 ...  45  39  92]
 [ 74  79  87 ...  61  63  70]]
```

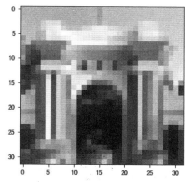

对于 RGB 图片，可以直接将其转换成数组的形式。

```
import matplotlib.pyplot as plt
from PIL import Image
import numpy as np
img = np.array(Image.open("Pic01.jpg"))
print(img.shape)        # 显示输出数据的形式
print(img[:, :, 0])     # 提取第 1 个数组
print(img[:, :, 1])     # 提取第 2 个数组
print(img[:, :, 2])     # 提取第 3 个数组
plt.imshow(img)
plt.show()
```

结果如下所示。从结果中可以看到，RGB 图片的数值是由 3 个 32×32 的数组构成的。

```
(32, 32, 3)
[[156 158 159 ... 181 178 182]
 [158 160 160 ... 183 183 183]
 [164 164 163 ... 185 188 185]
 ...
 [137 156  99 ...  31  27  75]
 [ 95 108  93 ...  38  28  72]
 [ 66  73  83 ...  51  56  62]]
[[190 191 191 ... 206 209 209]
 [192 194 191 ... 208 209 208]
 [192 195 194 ... 208 209 210]
 ...
 [109 123  86 ...  40  34  97]
 [ 88 101  96 ...  46  41  96]
 [ 76  79  86 ...  63  64  72]]
[[236 236 238 ... 237 240 239]
 [238 242 238 ... 238 236 238]
 [239 242 238 ... 240 238 240]
 ...
 [ 69  88  77 ...  47  40 118]
 [ 82  95 101 ...  57  57 120]
 [ 86  93 101 ...  79  77  82]]
```

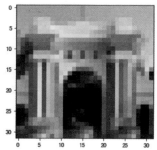

1.2.3　视不同，理相通

研究发现，人工智能辨识物体，与人的视觉处理有一定的共通之处，因此，有必要对人的视觉处理进行简单的介绍。

投射到眼睛的光被视网膜上的光感受器转化为神经信号，并通过视神经和中继核投射到神经元聚集的视觉皮层（visual cortex）中。通过眼睛转换为神经信号的刺激输入时，首先经过外侧膝状体核（LGN，lateral geniculate nucleus），在眼睛和大脑之间进行传递，然后到达枕叶的初级视觉皮层（V1），在那里被分成两条路径进行处理。

一条路径称为腹侧通路（ventral pathway），它起始于 V1，进入下颞叶（inferior temporal，缩写为 IT）。它参与物体识别，主要针对视觉对象的形状进行加工，比如面部识别等，故此被称为"内容（what/who）"通路。

另一条路径称为背侧通路（dorsal pathway），它也始于 V1，进入 MT 区（也称 V5），然后到达后顶叶皮层（posterior parietal cortex），它主要针对视觉对象的运动和位置进行加工，因此被称为"空间（where /how）"通路。

对于腹侧通路，人类视觉皮层包括初级视觉皮层（V1），亦称纹状皮层（striate cortex）以及纹外皮层（extrastriate cortex，如 V2、V4 等）。沿着腹侧通路，通过初级视觉皮层 V1 到 V2、V4 后，最后到达下颞叶的视觉区域，因此也有学者将这种腹侧视觉流与网络结构联系在了一起，如图 1-13 所示。

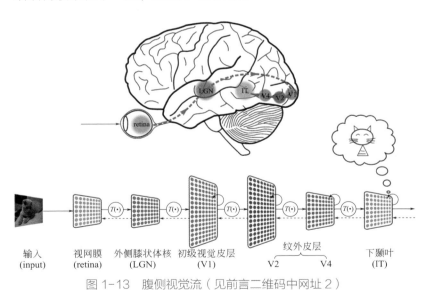

图 1-13　腹侧视觉流（见前言二维码中网址 2）

视觉皮层的神经细胞具有两个工作原理：第一个工作原理是感受野（receptive field），它只对呈现在其特定视觉范围内的刺激作出反应，而对呈现在该范围之外的刺激没有反应；第二个工作原理是刺激选择性（stimulus selectivity），视觉野的神经细胞只有在接受野内出现具有特定属性的刺激时才会活动，对该属性以外的刺激不作出反应，这被称为刺激选择性。例如，V1 区域的神经细胞对光的开关有反应，而 V2 区域的神经细胞对光亮度的轮廓有反应等。V1 到 V4 中相对低阶的领域对颜色、线段、运动等视觉的基本特点进行处理，而靠近下颞叶的高阶区域则处理更复杂的个别对象，如脸和物体，这是基本特征的组合。

从初级视觉皮层到 IT 区域，视觉加工区域从低向高发展，神经元的反应特征逐步复杂，从而说明视觉系统对信息是分层进行处理的。因此，人类视觉的原理是：先取原始信号（瞳孔取像素），然后做初步处理（大脑皮层部分细胞找到边缘和方向），再做抽象（大脑判断面前物体的形状），然后进行进一步的抽象。

人工智能视觉分析的过程也遵从了这个原理，从像素到边缘，再到轮廓，直至对象，从初级到高级，从局部到全局特征，如图 1-13 下方的图像传导路径与图 1-14 所示。

在初级视觉皮层中，有很多信息是无法被意识察觉到的。回顾棋盘阴影错觉（图 1-5），方格 A 和方格 B 的灰度是完全一样的，然而我们却察觉到了不同的灰度。这是因为大脑会先入为主地"推理"出圆柱体阴影对方格 B 存在影响，并将这个信息传递给意识。而在 V1 处，确实是"给出"两个方格是一样颜色的判断。这也就是说，越是初级，我们越忠于事物本身，越到高级，我们却相信加工后的信息。

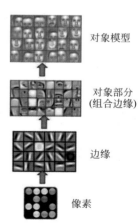

对象模型

对象部分
（组合边缘）

边缘

像素

图 1-14　人工智能视觉处理流程

福岛邦彦（Kunihiko Fukushima）提出了一种新的视觉模式识别机制，称为新认知机（Neocognitron）。计算机模拟结果表明，新认知机具有与脊椎动物视觉系统相似的特征。它是一个多层的网络，由许多层细胞的级联连接构成，细胞间突触连接的效率是可以改变的，如图 1-15 所示。

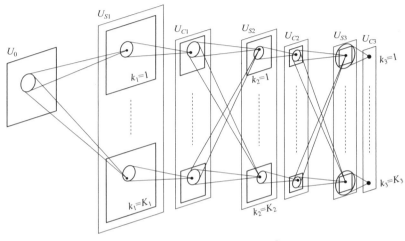

图 1-15　新认知机的结构 ❶

网络的自组织是通过无监督的过程进行的。对于网络的自组织，只需要重复地表示一组刺激模式，而不需要关于这些模式应该归类到哪些类别的信息。新认知机本身就具有根据形状的不同来分类和正确识别这些模式的能力。

新认知机借鉴了大卫·休伯尔和托斯登·威塞尔等学者提出的视觉可视区分层等发现，它也是卷积神经网络的雏形。在福岛邦彦提出新认知机近十年内，很多学者对其进行了进一步的研究，

❶ Fukushima K. Neocognitron: A Self-organizing Neural Network Model for a Mechanism of Pattern Recognition Unaffected by Shift in Position. Biol. Cybernetics 36, 1980: 193-202.

尽管有所改进，但是效果始终不如人意。

直到杨立昆（Yann LeCun）等学者将有监督的反向传播算法引入到福岛邦彦模型中，才有了不错的结果，同时也奠定了卷积神经网络的结构❶。杨立昆也被称为"卷积神经网络之父"，与杰弗里·辛顿（Geoffrey Hinton）、约书亚·本吉奥（Yoshua Bengio）并称"深度学习三巨头"。

1.3　计算机视觉发展与应用

1.3.1　计算机视觉发展史

计算机视觉是一个对数字图像或者视频进行提取信息从而进行高层理解的交叉学科。计算机视觉的理解意味着将视觉图像转化为对世界的描述。

视觉问题一直是一个比较棘手的问题，困难在于它是一个逆问题（inverse problem），也就是在信息不充分的情况下，人们试图通过某些途径弥补信息不足来解释问题。

计算机视觉的子领域包括场景重建、物体检测、事件检测、视频跟踪、物体识别、三维姿态估计、运动估计、三维场景建模和图像恢复等。

从人工智能诞生之日起，无数先驱们就一直致力于让人工智能理解视觉数据。1966年，麻省理工学院教授马文·明斯基（Marvin Minsky）和西摩尔·佩伯特（Seymour Papert）在一个夏季视觉项目（The Summer Vision Project）中安排了一名本科生杰拉德·杰伊·萨斯曼（Gerald Jay Sussman）从事一项课题，课题

---

❶ LeCun Y, Boser B, Denker J, et al. Backpropagation Applied to Handwritten Zip Code Recognition. Neural Computation, 1989, 1(4): 541-551.

的目标是将摄像机与计算机相连，让计算机描述它所看到的东西。这名本科生并没有取得什么实际的进展，毕竟，这不是一个假期就能够解决的问题，在人工智能领域，这种过度自信的例子不在少数。

1959 年，Russell 等人发明了第一台数字图像扫描仪，它是一台可将图片转化为被二进制机器所能理解的灰度值的仪器，这使得处理数字图像开始成为可能。

1963 年 5 月，计算机科学家劳伦斯·罗伯茨 (Lawrence Roberts) 在他的博士论文《三维实体的机器感知》(*Machine Perception of Three Dimensional Solids*) 中描述了如何从二维图像中得到三维信息，这开创了理解三维场景的先河[1]。当时他提出的相机变换、透视效果和深度感知的规则及假设等概念至今仍被提及。他被公认为计算机视觉之父，但同时，他还有另一项殊荣——互联网之父。

计算机视觉在 20 世纪 60 年代末至 70 年代初开始发展，几乎每隔约 10 年就有一次较大的进展。1969 年，贝尔实验室的威拉德·博伊尔（Willard S. Boyle）和乔治·史密斯（George E. Smith）成功将光学量转化为电学量，可用于工业相机传感器来采集高质量数字图像，这是计算机视觉工业应用的标志，因此也获得了 2009 年度诺贝尔物理学奖。

计算神经科学创始人大卫·马尔（David Marr）教授在其《视觉：对人类如何表示和处理视觉信息的计算研究》(*Vision: A Computational Investigation into the Human Representation and Processing of Visual Information*) 一书中提出了一个重要的计算机视觉理论，标志着计算机视觉成为一门独立学科，这本书在大

---

[1] Roberts L G. Machine Perception of Three-Dimensional Solids. Massachusetts Institute of Technology, 1963.

卫·马尔教授去世（1980年）前完成，1982年出版 ❶。

大卫·马尔提出的计算机视觉理论在20世纪80年代成为机器视觉研究领域中最重要的理论之一，它将大脑作为一个信息处理系统来看待，并且提出理解复杂的信息处理系统的三个层次：计算层、算法层与实现层。

计算机视觉在20世纪80年代后期开始加速发展，数学和统计学开始发挥越来越重要的作用，机器速度和存储容量的提高也起到了很大的作用。很多开创性的算法都遵循了这一趋势，包括一些著名的人脸检测算法。

LeNet是杨立昆等学者提出的一种卷积神经网络结构。1989年，贝尔实验室的杨立昆等学者首次将反向传播算法应用到实际中，极大地增强了网络泛化的学习能力，并结合了一个经过反向传播算法训练的卷积神经网络来读取手写数字，成功地将其应用于识别美国邮政服务提供的手写邮政编码号码 ❷。

大卫·罗依（David Lowe）于1999年提出一种尺度不变特征变换（scale-invariant feature transform，简称SIFT）的方法，它是一种用于检测、描述和匹配图像局部特征，在空间尺度中发现极值点并提取位置、尺度、旋转不变数的计算机视觉算法 ❸。20世纪90年代开始，以特征对象进行识别的方法逐渐成为主流。

2006年，杰弗里·辛顿等学者首次提出了"深度信念网络"的概念与逐层预训练技术，开启了当前的深度学习时代 ❹。

❶ Marr D. Vision: A Computational Investigation Into the Human Representation and Processing of Visual Information. Journal of Mathematical Psychology, 1983.

❷ LeCun Y, Boser B, Denker J S, et al. Backpropagation Applied to Handwritten Zip Code Recognition. Neural Computation, 1989, 1(4):541-551.

❸ Lowe D G. Object Recognition from Local Scale-invariant Features. Proceedings of the International Conference on Computer Vision. 1999: 1150-1157.

❹ Hinton G E, Osindero S, Teh Y W. A Fast Learning Algorithm for Deep Belief Nets. Neural Computation, 2006, 18: 1527-1554.

2009 年，李飞飞等学者在 CVPR2009 上发表名为《ImageNet：一个大型分层图像数据库》（*ImageNet: A Large-Scale Hierarchical Image Database*）的论文，并发布 ImageNet 数据集 ❶。该数据集的灵感来自 Word Net，故名 ImageNet，是为解决机器学习中过拟合和泛化的问题而构建的数据集，该数据集收集工作从 2007 年开始，直到 2009 年作为论文的形式发布。直到目前，该数据集仍然是深度学习领域中图像分类、检测、定位的最常用数据集之一。

1.3.2　大规模视觉识别挑战赛

自 2010 年以来，ImageNet 项目每年都会举办一场 ImageNet 大规模视觉识别挑战赛（ImageNet Large Scale Visual Recognition Challenge，简称 ILSVRC），旨在正确地完成分类以及检测物体和场景，这个赛事一直持续至 2017 年，如图 1-16 所示。

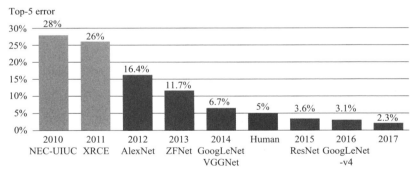

图 1-16　赢得 2010—2017 年 ImageNet 大规模视觉识别挑战赛
(ILSVRC) 的算法 ❷

❶ Deng J, Dong W, Socher R, et al. ImageNet: A Large-Scale Hierarchical Image Database. IEEE Conference on Computer Vision and Pattern Recognition, 2009: 248-255.

❷ Kang D Y, Duong P P, Jung C. Application of Deep Learning in Dentistry and Implantology. The Korean Academy of Oral and Maxillofacial Implantology, 2020, 24: 148-181.

ILSVRC 大赛分为多种测试项目，图像分类是其中的项目之一，它的任务是将 1000 个类别进行分类，测试哪组算法的算法精度高。

图 1-16 中给出了赢得 2010—2017 年 ILSVRC 大赛中算法的错误率及所使用的算法，纵轴 Top-5 error 是指算法对图像提出的前五项分类全部错误的概率。蓝色柱状图的算法代表使用的是卷积神经网络。从图中可以看到，2012 年的 AlexNet 网络（卷积神经网络结构）在训练过程中使用了图形处理单元（GPU），16.4% 的错误率比 2011 年 26% 的错误率有了大幅的下降，尤其是 2015 年的 ResNet 算法，将错误率降到了 3.6%，这个结果甚至超过了人类（图 1-16 中红色柱）的识别能力（5%）。虽然 VGGNet 在 2014 年获得了第二名，但由于其简洁的结构，在研究中被广泛使用。

2016 年之后，深度学习得到了广泛的关注，根据当年 6 月的一篇《经济学人》报道所述：突然间，不仅是在人工智能界的人们开始关注深度学习，整个技术行业的人们也都在关注。

1.3.3　计算机视觉应用

计算机视觉现在已经迈入到了新的时代——深度学习时代。深度学习背景下，利用计算机视觉可以完成很多任务，如图 1-17 所示。

图 1-17　计算机视觉任务

语义分割（semantic segmentation）不需要物体识别，只根据像素分类对整个图像进行分割。分类（classification）是指将图像中的物体分类为在预定标签中最可能成为的选项。对象定位（object localization）是通过边界框（bounding box）来指示物体在图像中的位置。当目标定位和分类同时进行时，称为目标检测（object detection）。实例分割（instance segmentation）识别每个对象，并在图像中勾画出它的轮廓。

计算机视觉技术广泛地应用在各个领域，比如说常见的人脸识别，就是利用计算机视觉技术对人的面部特征信息进行识别。人脸识别是人工智能领域中一个重要的应用，常常包含检测是否存在人脸和对人脸进行匹配。

安防也是计算机视觉的应用领域之一，由于现在的监控视频数据已经是一个海量的数字，利用人工智能技术分析提取所需有用信息，并进行实时决策干预，甚至提前预警等也是重要的应用场景。

工业瑕疵检测也是人工智能重要的应用领域。在生产过程中，通过计算机视觉技术手段分析相关图像，可以对工业产品的瑕疵进行有效的诊断，确定有无瑕疵以及瑕疵的种类位置等，实现生产环节的降本增效。

在自动驾驶领域，计算机视觉技术可以通过图像语义理解，帮助探索可行驶区域与目标障碍物，甚至是对物体如车辆、行人以及非机动车等进行检测、追踪。

在医疗领域中，有大量的医疗影像数据，通过计算机视觉技术，可以对医疗影像进行分析并协助医生作出判断，从而减少诊断所需要的时间，提升医生的诊断效率。

利用计算机视觉技术，还可以进行文字识别，将图像信息转化为文本信息，大大节省了文字录入时间，提升了工作效率。

第 **2** 章

机器学习与图像识别

2.1 从感知机到支持向量机

2.1.1 感知机的线性可分

从第 1 章的内容了解到，人工智能的图像识别问题本质上属于分类问题。提及分类，相信了解机器学习的读者们马上就会联想到离散输出与有监督学习构成的分类问题。本章的内容就是通过引入传统机器学习中经典的支持向量算法来识别图像进行类别划分。

在传统机器学习算法中，朴素贝叶斯算法属于生成型算法，因为它的"训练"与真正意义上的训练有所不同，朴素贝叶斯的做法仅仅是对训练集进行了数数的操作，决策树是对信息不确定性的一种度量，其实本质还是数数。

还有一类方法对数据进行训练，即梯度下降法（gradient decent）。感知机（perceptron）就是一种梯度下降的简单模型。尽管感知机只能处理一些如线性可分的特殊问题，然而麻雀虽小，五脏俱全，它的原理还是非常值得借鉴的。

在欧氏空间中，线性可分性讨论的是不同组之间点的性质。为了便于理解，下面在二维空间进行解释。如图 2-1 所示，有两组不同的点，其中一组点是实心点，另一组点是空心点。这两类点分别构成的集合能够被线性可分的前提是在这个平面上至少有一条直线能够将这两类集合分开，也就是在平面中所有的实心点在这条直线的一边，而所有的空心点在直线的另一边。

从上面的例子可以看出，我们就是要寻找一条直线将两类不同的点分开。其实，这样的直线可以有无数条。现在针对上面的问题做数学上的描述，所谓的线性可分就是当遇到一个数据集

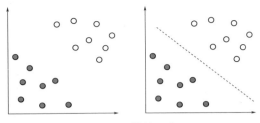

图 2-1　线性可分

$D = \{(x_1, y_1), \cdots, (x_m, y_m)\}$的时候，可以找到一条直线 $wx + b = 0$ 将两类点分开。如果此时定义实心点的标签值代表 +1，空心点的标签值代表 -1，那么有$y_i \in \{-1, 1\}$，称直线 $wx + b = 0$ 为（线性）决策边界，公式表示如下：

$$wx_i + b < 0 \qquad y = -1$$
$$wx_i + b > 0 \qquad y = +1$$

上述的思想也可推广到不同维度的欧氏空间中。如果空间是一维的，超平面则是一个点，如图 2-2（a）所示；如果空间是二维的，它的超平面就是一维的线，见图 2-2（b）；如果一个空间是三维的，那么它的超平面就是二维平面，如图 2-2（c）所示。

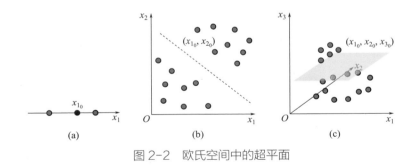

图 2-2　欧氏空间中的超平面

这里的点、线、面，都被统称为超平面（hyperplane）。在数学中，超平面是 n 维欧氏空间中，余维数为 1 的子空间。即超平面是

视觉感知：深度学习如何知图辨物

n 维空间中的 $n-1$ 维的子空间，其维数比其周围空间小 1。感知机的目的就是要找到一个能将线性可分数据线性可分的超平面。

尽管感知机可以解决线性可分问题，但是它解决问题时会有无穷的方法，如图 2-3 所示，图 2-3 中（a）（b）（c）都可以代表一种线性可分的方式，读者可以思考下面哪个超平面更优。

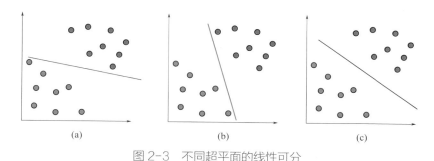

图 2-3　不同超平面的线性可分

显然，图 2-3（c）中的直线相对而言是最优的。这是因为该直线具有良好的"容错性"。比如，图 2-3（a）中的直线如果稍微朝上或下偏移，那么分类就会出现错误。同理，图 2-3（b）中的直线如果稍微朝左或右偏移，分类也将出错。而图 2-3（c）中的直线无论是稍微上下偏移，还是稍微左右偏移，在一定的范围内分类并不发生改变。

这说明单靠感知机的划分方式并不能给出满意的答案，换成一种较为专业的说法就是它没有考虑模型的泛化能力。那么应该如何改进方法并交上完美的答案呢？支持向量机就是完美的答案之一。

2.1.2　支持向量机

支持向量机（support vector machines，SVM）是机器学习中非常重要的一种分类方法（也可用作回归），它是弗拉基米尔·瓦普尼克（Vladimir N. Vapnik）和亚历克塞·泽范兰杰斯（Alexey Ya. Chervonenkis）在 1963 年提出的。支持向量机与统计学习理论密切相关，该理论在 20 世纪 70 年代就已经成形。由于支持向量机的计算精度很高，并且有能力处理高维数据，因此被广泛地应用在各个领域。

1992 年，伯恩哈德·伯泽尔（Bernhard E. Boser）、伊莎贝尔·盖恩（Isabelle M. Guyon）和弗拉基米尔·瓦普尼克提出了一种方法，通过将核方法（kernel method）应用于最大边缘超平面来创建非线性分类器。由于支持向量机的理论基础扎实，并且在分类问题中的性能卓越，20 世纪 90 年代开始逐渐成为机器学习的主流方法，并在 2000 年前后达到高潮。

利用支持向量机进行分类的核心思想就是，基于样本集合，找到一个可以将它们"最优"的超平面，将样本点分开。

回到前文中的图 2-3 的（a）和（b），之所以说其直线分类效果不好，主要是这些直线离两类样本点距离均太近，而图 2-3（c）中直线的相对优势是它离两类样本点均较远。点到超平面的距离，如图 2-4 所示。

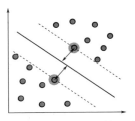

图 2-4　点到超平面的距离

空间某点 $\boldsymbol{x}$ 到超平面的距离公式如下：

$$d = \frac{|\boldsymbol{w}^{\mathrm{T}}\boldsymbol{x} + b|}{\|\boldsymbol{w}\|}$$

式中，$\boldsymbol{w}$ 和 b 是超平面的参数，$\|\boldsymbol{w}\|$ 表示向量的模长。

在距离概念的基础之上，还需要引入一个重要的概念——间隔（margin）。在训练数据中，两个异类数据中最接近决策边界（超平面）的数据之和被称为间隔，也就是图 2-4 中两条虚线之间的距离。虚线上含有光晕的样本点被称为支持向量。

穿过支持向量且与决策边界平行的直线构成了一个缓冲区。如图 2-5 所示，不同的决策边界会有不同的缓冲区，直观上看，缓冲区的边距越宽，对数据误分的可能性越小，分类的效果越佳。

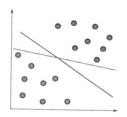

图 2-5　不同超平面的缓冲区

支持向量机的目标就是找到一组参数，让 $\boldsymbol{w}^{\mathrm{T}}\boldsymbol{x} + b = \pm 1$ 所定义的缓冲区有最大的间隔，因此可以看出，支持向量机建模背后是一个优化问题，如图 2-6 所示。

$$\max_{\boldsymbol{w},b} \frac{2}{\|\boldsymbol{w}\|}$$

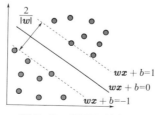

图 2-6　超平面的间隔

在这个问题的基础上，又可以将最大化问题转换为求最小化 $\|\boldsymbol{w}\|$ 的问题，这里涉及带约束二次规划、拉格朗日乘子法、对偶等概念，具体的细节读者可以参考其他机器学习的相关书籍，本书的附录部分也会稍作介绍。

在此之前，讨论的数据都是如图 2-6 中所示，两类点均在缓冲区之外，这种缓冲区内没有数据的情形被称为硬间隔（hard margin）。有时，为了得到泛化能力更好的模型，可能会选择一部分数据进入缓冲区，此时的情形称为软间隔（soft margin）。

如图 2-7 所示，缓冲区内包含被错误分类的数据，但是如果吹毛求疵，可能会导致模型过分"照顾"个别数据而发生过拟合，泛化能力变差。因此在遇到这种情况时，可在模型中加入惩罚项，从而取代一些约束条件，将使得模型具有较好的容错能力。

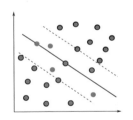

图 2-7　超平面的软间隔

2.2　支持向量机的超强"核"心

以上讨论的是边界为线性可分的情况。然而，很多情况下原始的训练样本空间并不能做到线性可分。

在二维平面中回顾一下"异或"问题，如图 2-8 所示，在图中找不到一条直线能把两类点分开，这说明异或问题是一个不能用直线分类的问题，因此异或问题属于非线性可分问题。

视觉感知：深度学习如何知图辨物

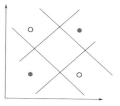

图 2-8　异或问题

人工智能的历史中，由于感知机不能解决异或问题，使得不少学者降低了对人工神经网络研究的热情，成为第一次人工智能寒冬的导火索。

支持向量机的强大，在于其可以利用"核"的概念将线性问题转换为非线性问题进行研究。一般对核有两种称谓，一个是核技巧（kernel trick），其偏向于实际的操作层面；另一个是核方法（kernel method），其主要是关注核背后原理。

核方法通过将样本点从当前空间映射到一个更高维度的空间中，使得在原来（低维度）空间中无法线性可分的样本点在高维空间中可以找到一个超平面进行划分，避免在原始空间中进行非线性分割的计算。

支持向量机，尤其是核的部分内容，需要很强的数学基础，这里将简要介绍最精华的部分，想挑战数学原理及证明的读者可以参阅其他书籍。

图 2-9 是一维中的两类点，从图中可以看出，找不到一个超平面（点）将其分开。

然而，通过某种变换，可以用超平面将其在二维空间中分开，如图 2-10 所示，横坐标与原来的数据点保持一致，而新增一个纵坐标，其数值对应横坐标数值的平方。因此，升维后的数据有可能在高维空间中变成线性可分，这种升维后的降维打击在此处体现得淋漓尽致。这也构成了核技巧的理论思路。

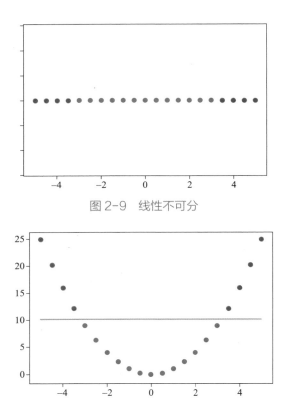

图 2-9　线性不可分

图 2-10　线性可分

如何找到一种映射关系，能够将低维空间上不能线性可分的点映射到高维空间中变得线性可分就成了关键一环。不少学者对如何构建核函数展开了研究，如图 2-11 所示，利用核函数（kernel function）的转换，在高维空间中学习决策边界，然后再将该决策边界投影到原数据的空间上，就可以得到原空间中的决策边界。

核函数的种类有很多，常见的有线性核函数、多项式核函数、Sigmoid 核与 RBF 核函数等。每种核函数使得支持向量机分类略有不同，这是由于使用不同核函数得到的决策边界形状不同，如图 2-12 所示。

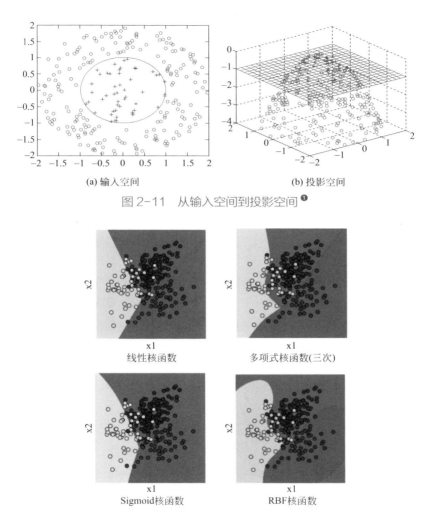

(a) 输入空间　　　　　　　　　　(b) 投影空间

图 2-11　从输入空间到投影空间 ❶

x2　　x1
线性核函数

x2　　x1
多项式核函数(三次)

x2　　x1
Sigmoid核函数

x2　　x1
RBF核函数

图 2-12　支持向量机核函数

为了阐述核技巧的魅力，这里通过一个简单的例题进行介绍。

将二维空间的点 $x(x_1, x_2)$ 通过下面的函数映射到一个六维空间

---

❶ Wu G, Edward Y C, Navneet P. Formulating Distance Functions via The Kernel Trick. KDD, 2005.

中，并求该六维空间中坐标点的内积。

$$\phi(x) = (\sqrt{2}x_1, x_1^2, \sqrt{2}x_2, x_2^2, \sqrt{2}x_1x_2, 1)$$

当面对点 $A_1(2,3)$ 和 $A_2(4,5)$ 时，如果使用普通的方法来完成这个映射，计算如下：

$$\phi(A_1) = (2\sqrt{2}, 4, 3\sqrt{2}, 9, 6\sqrt{2}, 1)$$

$$\phi(A_2) = (4\sqrt{2}, 16, 5\sqrt{2}, 25, 20\sqrt{2}, 1)$$

$$\langle \phi(A_1), \phi(A_2) \rangle = 16 + 64 + 30 + 225 + 240 + 1 = 576$$

如果使用核技巧，计算如下：

$$(\langle A_1, A_2 \rangle + 1)^2 = [(2 \times 4 + 3 \times 5) + 1]^2 = 576$$

与普通方法的计算有完全相同的结果，但实际上也将数据映射到了高维空间。这里的核函数为 $(\langle A_1, A_2 \rangle + 1)^2$。核函数的作用是无需计算高维空间的坐标数据，而是简单计算原空间数据的内积。

2.3　支持向量机的实践

2.3.1　鸢尾花的辨识

前面讲到了传统机器学习经典算法支持向量机的原理，在用支持向量机解决实际问题之前，有必要先对数据的相关知识进行简单的回顾。

首先涉及的一个概念就是数据集（data set）。数据集可以用矩阵 X 表示如下：

$$X = \begin{bmatrix} x_{11} & \cdots & x_{1n} \\ \vdots & & \vdots \\ x_{m1} & \cdots & x_{mn} \end{bmatrix}$$

X 的一个列向量的取值就代表某一类特征下所有样本的数值，一个行向量则代表对每个样本的一次观察值，即观察到一个样本的所有特征。在分析问题时，很多数据都可以用上述矩阵的形式构成。这里以鸢尾花数据集为例进行说明，它是在统计学和机器学习教学中使用的最经典的数据集之一。

鸢尾花数据集中收录了 150 个样本，每个样本有 4 个特征，其中，每一条记录（即每朵花）都可以被看成是一个样本。数据集中还有一列即标签列，反映的是鸢尾花的类别。

因此这个数据集是 150 行 5 列的矩阵，其中前 4 列是特征向量，最后 1 列是标签向量。数据如图 2-13 所示，其中第一列是默认的索引。

	sepal_length	sepal_width	petal_length	petal_width	species
0	5.1	3.5	1.4	0.2	setosa
1	4.9	3.0	1.4	0.2	setosa
2	4.7	3.2	1.3	0.2	setosa
3	4.6	3.1	1.5	0.2	setosa
4	5.0	3.6	1.4	0.2	setosa
…	…	…	…	…	…
145	6.7	3.0	5.2	2.3	virginica
146	6.3	2.5	5.0	1.9	virginica
147	6.5	3.0	5.2	2.0	virginica
148	6.2	3.4	5.4	2.3	virginica
149	5.9	3.0	5.1	1.8	virginica

150 rows ×5 columns

图 2-13　鸢尾花数据集（部分数据）

从图 2-13 可以看到，每条记录都有花萼长度（sepal_length）、花萼宽度（sepal_width）、花瓣长度（petal_length）、花瓣宽度（petal_width）等反映鸢尾花的特征。由特征生成的空间称为特征空间，每个样本在特征空间是一个点，其对应一个坐标向量，称为一个特征向量（feature vector）。图 2-14 是选取花萼长度、花萼宽度和花瓣长度 3 个特征生成的特征空间，以及 5 个样本点及其特征向量。

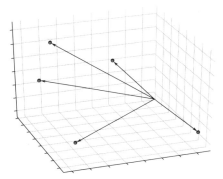

图 2-14　特征空间、样本点与特征向量

以下给出利用支持向量机对鸢尾花数据进行分类的案例。因为鸢尾花数据集已经设置好变量指标，并收集了每个样本的数据，而且不存在缺失值等问题，数据质量很好，无需进行清洗等数据预处理操作。

为了能够清晰地用可视化的形式表示出分类的结果，选取花萼长度和花萼宽度这两个特征构成一个特征空间。支持向量机的主程序如下，后面会针对以下内容进行局部的调整来对比结果间的差异。

```
# 导入库
import numpy as np
from sklearn.datasets import load_iris
from sklearn import svm
from sklearn.model_selection import train_test_split
import matplotlib.pyplot as plt
%matplotlib inline
```

```python
from matplotlib import colors
#### 默认设置下 matplotlib 图片清晰度不够，可以将图设置成矢
量格式
%configInlineBackend.figure_format = 'svg'

# 输数据
data = load_iris()
y = data.target
x = data.data
x = x[:, :2] # 取样本的所有行和前两个特征，进行特征向量训练

# 划集合
x_train, x_test, y_train, y_test = train_test_split(x,
y, train_size=0.7, test_size=0.3, random_state=1)

# 建模型
clf = svm.SVC(kernel = 'linear')
clf.fit(x_train, y_train.ravel())

# 出结果
print(" 训练集正确率 =",clf.score(x_train, y_train))
print(" 测试集正确率 =",clf.score(x_test, y_test))

# 画图形
x1_min, x1_max = x[:, 0].min(), x[:, 0].max()  # 第 0 列
的范围
x2_min, x2_max = x[:, 1].min(), x[:, 1].max()  # 第 1 列
的范围
x1, x2 = np.mgrid[x1_min:x1_max:200j,
                  x2_min:x2_max:200j]  # 生成网格采样点
grid_test = np.stack((x1.flat, x2.flat), axis=1)    # 测试点
grid_hat = clf.predict(grid_test)    # 预测分类值
grid_hat = grid_hat.reshape(x1.shape)
```

```
cm_light = colors.ListedColormap(['#A0FFA0', '#FFA0A0',
                                  '#A0A0FF'])
cm_dark = colors.ListedColormap(['b', 'r', 'k'])
plt.pcolormesh(x1, x2, grid_hat, shading='auto',
               cmap=cm_light)
plt.scatter(x[:,0], x[:,1], c=np.squeeze(y), s=30,
            cmap=cm_dark)      # 样本

plt.scatter(x_test[:, 0], x_test[:, 1], facecolors='none',
            zorder=10)   # 圈中测试集样本
plt.xlabel('Sepal Length')
plt.ylabel('Sepal Width')
plt.title('Classification of Iris')
plt.show()
```

结果显示：

```
训练集正确率 = 0.8380952380952381
测试集正确率 = 0.7777777777777778
```

从图 2-15 可以看出，利用线性核函数的支持向量机分析只有
两个特征的鸢尾花数据时，一些数据并未得到正确的分类。

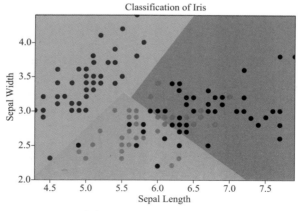

图 2-15　支持向量机分类结果（线性核函数）

如果将如下的线性核函数代码内容：

```
clf = svm.SVC(kernel = 'linear')
```

替换成如下的"RBF 核函数"：

```
clf = svm.SVC(kernel = 'rbf')
```

或是替换成如下的"多项式核函数"：

```
clf = svm.SVC(kernel='poly', degree=6)
```

就可以利用不同的核函数对数据进行分析。注意，在多项式核函数情形下，degree 代表多项式函数的阶数，不适用于其他核函数。

这里以多项式核函数替代线性核函数为例，结果如下：

```
训练集正确率 = 0.7904761904761904
测试集正确率 = 0.7333333333333333
```

可视化结果如图 2-16 所示。

从线性核函数与多项式核函数的结果来看，非线性的分析并不一定比线性分析更好，因此这里也说明，对于不同的数据，需

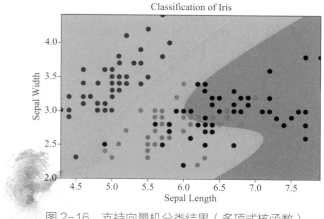

图 2-16　支持向量机分类结果（多项式核函数）

要进行多种模型的尝试。

为什么两种情形下结果都不是很好？其实，这是因为为了可视化的需要，仅仅使用了鸢尾花 4 个特征中的 2 个。

删除主程序下"输数据"部分的以下内容，即使用所有的 4 个特征进行分析。

```
x = x[:, :2] # 取样本的所有行和前两个特征，进行特征向量训练
```

再删除主程序下"画图形"部分的内容，因为 4 个维度已经无法进行图形可视化。程序运行结果如下：

```
训练集正确率 = 0.9809523809523809
测试集正确率 = 1.0
```

可见在将所有特征纳入到分析时，结果的正确率得到大幅度提升。

2.3.2　手写数字图像识别

Scikit-learn 库中提供的手写数字图像集的类别为 0 至 9，共 10 个数字，共有 1797 个样本，由于图像采用 8×8 像素，因此该手写数字集有 64 个特征，其中每个特征下数字为 0 到 16 之间的整数。因此，这个数据集是一个 1797 行 65 列（其中一列为标签列）的矩阵。

通过如下的代码：

```
import numpy as np
from sklearn import datasets
digits = datasets.load_digits()
print(digits.data.shape)
print(digits.target.shape)
```

可以看到结果显示：

```
(1797, 64)
(1797,)
```

(1797, 64) 给出了数据特征的结构，为 1797 行 64 列，标签则为 1797 个数值。

也可以通过可视化的方式来查看数据。

```
import matplotlib.pyplot as plt
from sklearn import datasets
digits = datasets.load_digits()
for label,img in zip(digits.target[:8],digits.images[:8]):
    plt.subplot(2,4,label + 1)
    plt.axis('off')
    plt.imshow(img, cmap = plt.cm.gray_r,
                interpolation='nearest')
    plt.title(' 标签 :{0}'.format(label))
plt.show()
```

结果如图 2-17 所示。

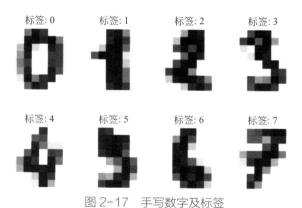

图 2-17　手写数字及标签

还可以单独调取某张图片的数字矩阵和图形，比如可以通过程序调取第 1001 张图片的数字矩阵和图形。

```
digits. images[1000]        # 显示数字矩阵
```

```
array([[ 0.,   0.,   1.,  14.,   2.,   0.,   0.,   0.],
       [ 0.,   0.,   0.,  16.,   5.,   0.,   0.,   0.],
       [ 0.,   0.,   0.,  14.,  10.,   0.,   0.,   0.],
       [ 0.,   0.,   0.,  11.,  16.,   1.,   0.,   0.],
       [ 0.,   0.,   0.,   3.,  14.,   6.,   0.,   0.],
       [ 0.,   0.,   0.,   0.,   8.,  12.,   0.,   0.],
       [ 0.,   0.,  10.,  14.,  13.,  16.,   8.,   3.],
       [ 0.,   0.,   2.,  11.,  12.,  15.,  16.,  15.]])
```

```
plt.imshow(digits.images[1000], cmap=plt.cm.gray_r)   # 显
示图像
plt.show()
```

图像结果如图 2-18 所示, 注意, 此时并没有隐藏坐标的刻度, 因此可以看到图像为 8×8 像素。然而根据该图的结果, 很难看出是什么数字, 因此, 还需交由模型来帮助判断。

只需用 "data = datasets.load_digits()" 替换前文主程序中的 "data = load_iris()", 并删除可视化 "# 画图形" 部分内容, 即可得到线性核函数下的分类结果。

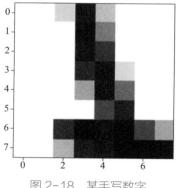

图 2-18   某手写数字

```
训练集正确率 = 1.0
测试集正确率 = 0.9814814814814815
```

从显示的结果来看, 无论是训练集还是测试集, 均表现出了很高的正确率。

第 **3** 章

神经网络与图像分类

3.1 从神经元到神经网络

3.1.1 神经元与感知机

早期的人工神经元模型是由沃伦·斯特吉斯·麦卡洛克（Warren Sturgis McCulloch）和沃尔特·哈利·皮茨（Walter Harry Pitts）于 1943 年提出的，称为 MP 神经元，它的诞生甚至早于人工智能元年 1956 年，尽管 MP 神经元是一个简化形式，然而目前仍是神经网络领域的参考标准。

MP 神经元的提出具有里程碑意义，影响了认知科学和心理学、哲学、神经科学、计算机科学、人工神经网络、控制论和人工智能等多个领域，以及后来被称为生成科学（generative science）的领域。

尽管 MP 神经元与后面即将介绍的感知机原理非常类似，但是仍有一些细微的差别，这里简单介绍 MP 神经元的工作原理，如图 3-1 所示。

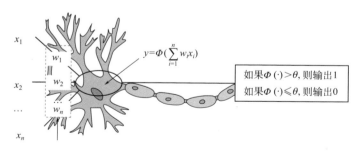

图 3-1 MP 神经元

从图 3-1 中可以看到，给定 n 个 0 或 1 的输入数据 $x_i(1 \leqslant i \leqslant n)$，并赋予它们各自 $w_i(1 \leqslant i \leqslant n)$ 的参数，MP 神经元

模型对输入的信息进行线性加权组合，并利用函数 $\Phi(\cdot)$ 输出 0 或者 1 的结果，即是一个二分类问题。注意，在 MP 神经元模型具有如下的特征：

- 输入的数据只能是 0 或 1；
- 无法学习权重，只能人为预先设定 0 或 1；
- 事先设定好阈值 θ；
- 线性求和结果大于 θ，函数 $\Phi(\cdot)$ 输出 1（激活状态），否则输出 0（抑制状态）。

1957 年，弗兰克·罗森布拉特（Frank Rosenblatt）提出了感知机（perceptron），属于一种简单的人工神经网络。此时的感知机与 MP 神经元模型类似，由一个输入层和一个输出层构成，即单层感知机。

感知机与 MP 神经元模型的区别之一体现在权重上。感知机中的权重并不是事先人为设定好的，而是在多次的迭代过程中训练得到的。另外，感知机输入的数据也变为了实数，不再是 MP 神经元模型中的 0 或 1。

另外，感知机除了将输入和权重线性加权外，还需加上偏置（bias），然后由激活函数 $\Phi(\cdot)$ 将求和结果进行转化。同样，当激活函数 $\Phi(\cdot)$ 大于等于 0 时，则输出 1，否则输出 0，如图 3-2 所示。

1969 年，马文·明斯基（Marvin Minsky）和西蒙·派珀特（Seymour Papert）合著了《感知机：计算几何导论》（*Perceptrons*:

图 3-2 感知机

An Introduction to Computational Geometry）**❶**，该书指出由输入层和输出层构成的感知机能力不足，连简单的异或（XOR）问题都无法解决。这本书被认为是神经网络研究陷入低潮的导火索，并成为20世纪70年代人工智能寒冬的诱因之一。

3.1.2　神经网络的结构

尽管多层感知机具备处理复杂函数的能力，然而它仍面临着不足之处，比如权重的设定依然需要由人工完成。而神经网络在这方面具有很大的优势，它可以从数据中自动学习到合适的权重。

神经网络的结构如图 3-3 所示，最左边的一层称为输入层，最右边的称为输出层，中间称为隐藏层，这是因为中间层发生了什么相对于输入层和输出层较难得知。图 3-3 的神经网络结构属于"全连接"方式，指两个相邻层之间神经元相互连接，但是同一层的神经元之间没有连接。

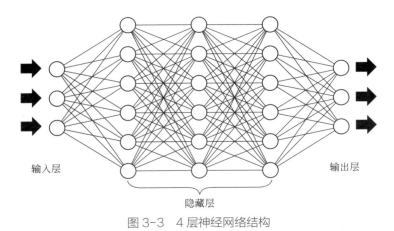

图 3-3　4 层神经网络结构

---

❶ Minsky M, Papert A S. Perceptrons: An Introduction to Computational Geometry. The MIT Press, 1969.

尽管图 3-3 中所示网络结构为 5 层，但通常将输入层不视为真正意义上的层，因此也称图 3-3 为 4 层神经网络，每一个隐藏层上有 6 个神经元。通过增加隐藏层的数量以及每层的神经元个数，可以模拟出更为复杂的函数。

3.1.3 前向与反向传播

为了简要说明神经网络前向与反向传播的原理，将图 3-3 的神经网络结构图简化成如图 3-4 所示的结构。

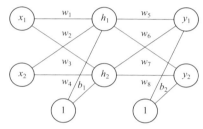

图 3-4 神经网络结构示意图

从图 3-4 可以看到，每层神经网络上有 2 个神经元。隐藏层与输出层中的神经元通常包含一个非线性的激活函数，其目的是实现神经元的非线性映射。图 3-4 中神经元内标"1"的为偏置项。

当数据 i_1 和 i_2 从输入层的 x_1 和 x_2 神经元向隐藏层传递时，需要与权重加权求和再进入到隐藏层的神经元当中，进入 h_1 和 h_2 神经元的数据可以表示为：

$$输入_{h_1} = w_1 \times i_1 + w_2 \times i_2 + b_1 \times 1$$
$$输入_{h_2} = w_3 \times i_1 + w_4 \times i_2 + b_1 \times 1$$

在 h_1 神经元中，输入 h_1 要经过激活函数再输出。激活函数是在人工神经网络神经元内的函数，通常为一些非线性函数。h_1 和

h_2 神经元的输出为输出 $_{h_1}$ 和输出 $_{h_2}$。

隐藏层的数据输出后经权重加权求和后继续向输出层传递，此时进入输出层 y_1 和 y_2 神经元的数据可以表示为：

$$输入_{y_1} = w_5 \times 输出_{h_1} + w_6 \times 输出_{h_2} + b_2 \times 1$$
$$输入_{y_2} = w_7 \times 输出_{h_1} + w_8 \times 输出_{h_2} + b_2 \times 1$$

因为输出层中的 y_1 和 y_2 神经元中也存在激活函数，因此还需要将输入 $_{y_1}$ 和输入 $_{y_2}$ 经激活函数转换后得到最终的输出 o_1 和 o_2。

以上完成了神经网络的前向过程，通过前向过程，得到了一组输出的数据 o_1 和 o_2。然而，通过这么一次前向过程，使得输出的结果与实际结果相等的可能性小之又小。而在建模的时候，当然是希望输出的值与真实值之间的差距越小越好，这种差距就引出了损失函数的概念（loss function）。

损失函数也称代价函数（cost function），用来评价模型的输出值和真实值之间不一样的程度，这可以作为衡量神经网络指标优劣的一个值，输出值和真实值之间的误差越小，模型的性能就越好。从损失函数这一概念上来看，此时的这种神经网络学习方式属于监督学习。

反向传播算法原理的推导过程以及相应的计算有些让人望而却步。然而，得益于现在的一些外部库，可以让这个复杂的过程变得相对简单。在《数据科学：机器学习如何数据掘金》一书中，不但给出了如何调用 Scikit-learn 库简单地完成复杂的神经网络操作，还给出了反向传播的推导与相应的数值计算，感兴趣的读者可以进一步阅读。

"反向传播"这个名称实际上来自弗兰克·罗森布拉特（Frank Rosenblatt）1962 年所使用的术语，因为他试图将感知机学习算法

推广到多层的情况 ❶。

在 20 世纪 60 年代和 70 年代，有很多尝试试图将感知机学习过程推广到多个层次，但是没有一个特别成功。保罗·沃伯斯（Paul Werbos）于 1974 年在博士学位论文《超越回归》（*Beyond Regression*）中提出了"反向"这一基本思想，并且证明在神经网络多加一层就能解决异或问题（XOR），但是当时正是神经网络的低谷时期，并未受到重视 ❷。

1986 年，杰弗里·辛顿和大卫·鲁梅哈特（David Rumelhart）等学者提出了一种名为"反向传播（backpropagation）"的神经网络训练方法，并发表在《自然》（*Nature*）期刊上 ❸。

当前向传播完成并得到误差后，此时的终点则变成了起点。神经网络利用误差反向传播算法将误差从输出层出发，从后向前传递给神经网络中的各个神经元，并且利用梯度下降（gradient descent）的方法对神经网络中的参数进行更新，从而得到一组新的参数。

当得到一组更新后的参数后，此时的神经网络继续从输入层开始前向传播，得到新一轮的误差，然后再进行误差反向传播。随着迭代的不断进行，最终误差将会越来越小，直到满足一定的终止条件时停止迭代，此时得到的神经网络就是最终训练好的模型。

神经网络通过反向学习，可以自动调节权重、偏置等参数。然而在神经网络中，还有一些超参数（hyperparameter）需要人为控制。

---

❶ Rosenblatt F. Principles of Neurodynamics. New York: Spartan, 1962.

❷ Werbos P. Beyond Regression: New Tools for Prediction and Analysis in the Behavioral Sciences. Unpublished dissertation, Harvard University, 1974.

❸ Rumelhart D E, Hinton G E, Williams R J. Learning Representations by Back-propagating Errors. Nature, 1986, 323(6088): 533-536.

比如在训练一个神经网络时，除了权重、偏置以外，还需要了解下面的参数：

- 神经网络的层数（如输入层、隐藏层、输出层）；
- 每层神经元的个数；
- 激活函数的选择；
- 学习率；
- 终止条件；
- 正则化。

面对一个数据集搭建神经网络时，首先要做的就是确定网络的层数，除去输入层与输出层外，还需要隐藏层，确定了隐藏层，又面临着各隐藏层需要设置的神经元个数。输入层与输出层的神经元个数，在监督学习中其实已经由数据的特征和标签决定了。

在网络层数与神经元个数确定后，激活函数的选择会影响模型的训练效果。后文中将会对不同的激活函数进行说明。

学习率（learning rate）是优化算法中的一个调优参数，它决定了每次迭代的步长，步长影响新获取的信息在多大程度上超越旧信息。学习率设置得较大时，虽然收敛速度可能加快，然而有可能会造成在某些地方振荡，从而难以获得最优解；学习率设置得较小，则会影响收敛的时间。学习率既可以设置成一个不变的常数，也可以设置成一个变化的函数。

神经网络训练的原理与之前介绍的其他机器学习算法一样，都需要考虑所有的训练数据。前文中介绍的算法是针对单个训练样本更新权重得到的。然而，在 BP 算法实际操作的过程中，期望的参数是以所有训练数据各自的损失函数的总和最小作为目标进行的。

如果是 m 个数据而不是单个数据，那么就需要将所有训练数据的损失函数求平均，即：

$$E^m = \frac{1}{m} \sum_{i=1}^{m} E_i$$

式中，E^m 表示考虑 m 个数据后的平均损失函数；E_i 代表上述单个数据时训练的损失函数误差。

因此在训练时有两种方法：第一种是每次只对单个样本数据更新参数；第二种则是读取所有训练集数据后再更新参数。两种方法各有利弊。

如果训练的数据量非常大，则以所有数据进行损失函数的计算是不现实的，因此需要选出部分数据进行训练。选出一组数据进行计算，这组数据通常称为小批量（mini-batch）数据，这种利用一组组小批量数据进行学习的方式称为 mini-batch 学习。

在机器学习，尤其是神经网络与深度学习的训练中，一个非常常见的问题就是过拟合。因为强大的表张能力，神经网络只是单纯"记住"了训练集，而导致无法泛化到测试集，从而影响了模型的泛化能力。解决此问题，通常会采用早停（early stopping）与正则化（regularization）的方法。早停法通常是指一旦分类的准确率饱和，则终止训练。

这里简单介绍两种正则化方法：L1 正则化与 L2 正则化。如果在损失函数后面加上一个参数乘以权重绝对值的和，作为正则项进行训练，这种方法称为 L1 正则化。如果在损失函数后面加上一个参数乘以权重平方的和，作为正则项进行训练，这种方法称为 L2 正则化。其中涉及的参数就是正则化参数，也称正则化率（regularization rate）。研究表明，含有正则项的神经网络通常比那些没有正则项的网络具有更好的泛化能力。

一些网站给出了神经网络的可视化操作，如图 3-5 所示（见前言二维码中网址 3）。在了解神经网络结构及参数后，通过相应的设置，可以"看见"神经网络的训练过程，感兴趣的读者可以进行尝试。

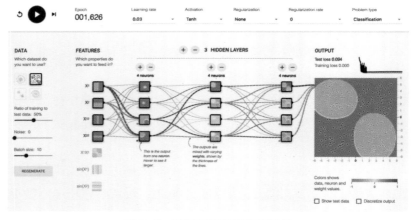

图 3-5　神经网络训练的可视化

3.2　激活函数与损失函数

3.2.1　非线性转换的激活函数

在神经元中，激活函数发挥着重要的作用，它可以将输入进行非线性的变换。在现实中，绝大部分事物都以非线性的特征运行，即便是某段时间出现了线性的关系，也极有可能是非线性关系中的流光瞬息。

在神经网络中，由于隐藏层和输出层的神经元中均有激活函数，因此整个神经网络就是诸多非线性函数的组合，从而实现更为复杂的非线性关系的模拟。神经网络的激活函数种类不少，在关于图像识别的激活函数中，主要介绍 Sigmoid 激活函数、ReLU 激活函数与 Softmax 激活函数。

（1）Sigmoid 激活函数

Sigmoid 激活函数是神经网络中最常用的一种激活函数。它的公式如下：

$$f(x) = \frac{1}{1 + e^{-x}}$$

函数图像如图 3-6 所示。

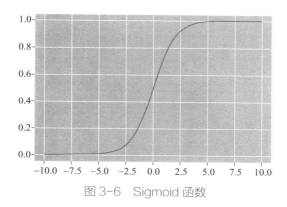

图 3-6　Sigmoid 函数

　　Sigmoid 激活函数有着诸多的优点，首先，Sigmoid 激活函数为单调递增函数，并且可以取任何值；其次，它是以概率的形式输出结果，函数的值域为 (0, 1)，不像阶跃函数只能返回 0 或 1，这个性质非常重要；最后，该函数的导数简单，$f'(x) = f(x)[1 - f(x)]$。然而，Sigmoid 激活函数也有一个缺点，反向传播更新参数时容易出现导数接近 0 的情况，即梯度消失（vanishing gradient）问题，当网络层数增加时，这个问题会变得更为严重。

　　下面的代码给出了如何定义一个 Sigmoid 函数，并将数值映射到 0 和 1 的区间之内。

```
import numpy as np
def sigmoid(x):
    y = 1.0/(1+np.exp(-x))
    return y
x = np.arange(-5,6,1)
sigmoid(x)
```

结果如下：

```
array([0.0067, 0.018 , 0.0474, 0.1192, 0.2689,0.5    ,
0.7311, 0.8808,0.9526, 0.982 , 0.9933])
```

（2）ReLU 激活函数

ReLU（rectified linear unit）激活函数是目前使用相对广泛的一种激活函数，数学表达式如下：

$$\varPhi(x) = \max(0, x)$$

函数图像如图 3-7 所示。

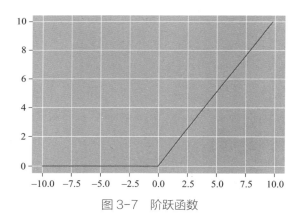

图 3-7　阶跃函数

当 x 大于等于 0 时，返回的是数值本身，导数也始终为常数，可以避免梯度消失的问题；当 x 小于 0 时，函数为 0，梯度也为 0，这样一来神经网络中部分参数为 0，又可以在某种程度上避免过拟合带来的问题。

下面的代码给出了如何定义一个 ReLU 函数，并输入数值求解。

```
import numpy as np
def relu(x):
```

```
    y = np.maximum(0, x)        # 比较 0 和 x，并返回较大的数字
    return y
x = np.arange(-5,6,1)
relu(x)
```

结果如下：

```
array([0, 0, 0, 0, 0, 0, 1, 2, 3, 4, 5])
```

（3）Softmax 激活函数

Softmax 激活函数主要针对分类问题，它的输出是不同类别出现的概率大小。其公式如下：

$$p_i = \frac{e^{o_i}}{\sum\limits_{j=1}^{n} e^{o_j}}$$

式中，n 表示输出层有 n 种可能的取值（n 种类别）。

Softmax 激活函数输出的是 0 到 1 之间的实数，n 个数的总和为 1，这是该函数的重要性质。

可以通过一个例子进一步了解 Softmax 激活函数。比如得到了 3 个输出的结果，分别为 2、1、-2，则 $n=3$，通过 Softmax 激活函数可以得到它们归属于类别 1、类别 2 和类别 3 的概率分别为 0.7214、0.2654 和 0.0132。这种结果说明结果应该归属于类别 1。

下面的代码给出了 Softmax 函数的定义方式，并将 2、1、-2 等数值作为函数的输入值：

```
import numpy as np
def softmax(x):
    y = np.exp(x) / np.sum(np.exp(x))
    return y
x = [2,1,-2]
softmax(x)
```

结果如下：

```
array([0.7214, 0.2654, 0.0132])
```

3.2.2　衡量优劣的损失函数

损失函数衡量神经网络数据拟合程度的优劣，损失函数的值越大，则说明拟合的结果越差。它是神经网络设计中最重要的环节之一。构建一个合适的损失函数对训练神经网络至关重要。下面介绍两种最常使用的损失函数。

（1）均方误差损失函数

均方误差（mean squared error）通过计算输出值与实际值之间距离的平方来表示。假如有 n 个输入数据 $i_1, \cdots, i_n$，对应的输出数据为 $o_1, \cdots, o_n$，而真实的标签数据为 $r_1, \cdots, r_n$。则该模型在 n 个训练数据下的均方误差为：

$$E = \frac{1}{2} \sum_{i=1}^{n} (o_i - r_i)^2$$

（2）交叉熵损失函数

熵是热力学中表征物质状态的参量之一，其物理意义是体系混乱程度的度量。信息论创始人克劳德·埃尔伍德·香农（Claude Elwood Shannon）在 1948 年出版的《通信的数学原理》（*A Mathematical Theory of Communication*）中提出信息熵的概念。一条信息的信息量大小与它的不确定性有直接关系，需要有一个度量的方法。

熵（entropy）是对（随机）数据的不确定性（也称不纯度）的度量，变量的不确定性越大，所需要了解的信息就越多，熵就越大。

信息熵的公式：

$$H(y) = -\sum_{k=1}^{K} p_k \log_2 p_k$$

式中，p_k 表示当前集合中第 k 类样本所占的比例；对数的底为 2 表示信息熵的单位为比特。

有了信息熵的概念后，再看看交叉熵损失函数，公式表示如下：

$$E = -\sum_{k=1}^{K} r_k \ln o_k$$

此时是由如 Softmax 激活函数得到分类数据，o_k 是神经网络输出的概率结果。此时的 r_k 代表正确的标签数据，因此是一个除了正确类别为 1 外，其余数据均为 0 的数据。

交叉熵（cross entropy）主要用来衡量概率分布间的差异。交叉熵越小，概率分布越接近。在分类的情形下，神经网络最终预测类别的分布概率与实际类别的分布概率差距越小，则模型越好。

在介绍 Softmax 激活函数时，已经介绍了如何将输出层输出的三个值 2、1 和 −2 转换成求和为 1 的三个概率值：0.721、0.266 和 0.013。假如一个识别猫、狗与虎的神经网络标签值与输出值如表 3-1 所示，可以通过交叉熵函数求得损失。

表 3-1　类别的标签值与输出值

类别	猫	狗	虎
标签值	1	0	0
输出值	0.72	0.27	0.01

那么，此时的交叉熵误差则为：

$$E = -[1 \times \ln(0.72) + 0 \times \ln(0.27) + 0 \times \ln(0.01)] = 0.3285$$

3.2.3　激活函数与损失函数的组合

不同的激活函数与损失函数结合，会有不同的效果。下面根据上文中介绍的激活函数与损失函数进行简要的说明。

① 情形 1：Sigmoid 激活函数 + 均方误差损失函数。均方误差损失函数可以利用结果与实际值之间的距离来衡量结果的好坏。然而，面对 Sigmoid 激活函数导致的梯度消失的情形，均方误差损失函数就难以应对，这样的结果就会使得参数的更新变得困难。

② 情形 2：Sigmoid 激活函数 + 交叉熵损失函数。Sigmoid 激活函数在反向传播中之所以出现梯度消失，是因为它的导数比较特殊，

即 $f'(x) = f(x)[1 - f(x)]$。如果使用交叉熵函数，能够很好地解决上述 Sigmoid 激活函数导致的梯度消失的问题。

③ 情形 3：Softmax 激活函数 + 交叉熵损失函数。使用 Softmax 激活函数时，相对于 Sigmoid 激活函数来说，其求导过程稍显烦琐，因为其是对一系列数值（向量）所做的求和为 1 的变换。

3.3　拟合与误差

3.3.1　过拟合与欠拟合

在机器学习中，尤其是神经网络与深度学习，会涉及过拟合（overfitting）与欠拟合（underfitting）的概念，有时也分别被称为"过度训练"和"训练不足"。过拟合和欠拟合是导致模型精度较差的两个最常见的原因，它们的准确性都很差。

过拟合与欠拟合是两个非常重要的概念，很多方法的提出就是为了防止学习时过拟合或者欠拟合。首先，看看一般情况下的散点拟合情况，通过图 3-8 可以看出，这些散点用非线性回归建模应该会更加合适。

什么是过拟合？如图 3-9 所示，本应该是一条平滑的曲线，为了"过度"迎合所有数据而变成更加复杂的函数。过拟合往往发

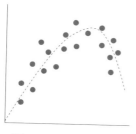 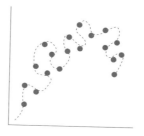

图 3-8　散点拟合图　　　　　图 3-9　过拟合图

生在为了得到一致性的假设，从而对拟合变得非常严格，也就是事情（拟合）做过头了。当一个模型开始"记忆"训练数据，而不是通过"学习"来概括一个趋势时，就会发生过拟合。

　　从拟合情况来看，过拟合模型对训练数据有很低的预测误差，因此在训练集上得到了很好的拟合效果，但是这种情况下模型对测试数据却有着很高的预测误差。因此，对于新的样本数据拟合效果不好，导致模型失去了推广的能力。

　　必须始终意识到在有限的数据基础上过度拟合模型的危险性。比如，一个常见的问题是收集大量的历史数据，再通过所谓的学习发现了预测非常精准的"模式"。然而，这都是在样本内部进行操作的，当应用到样本外的数据时，这个模式可能表现得一团糟。

　　另外，过拟合往往都是由于对模型的描述太过复杂造成的。造成过拟合的原因首先可能是样本太少，样本数量太少往往会造成模型不能准确归纳的问题。比如，如果参数的数量等于或大于观测值，那么一个简单的模型可以完全通过对数据的全部"记忆"来精确地预测训练数据。然而，这样的模型在预测时通常会失败。

　　当学习时无法充分获取数据的潜在结构时，就会发生欠拟合。比如，由于建模不当，将本应该由非线性拟合的数据拟合变为线性拟合，如图 3-10 所示，就会产生较大的误差，这样的模型的预测能力将大打折扣。欠拟合模型对训练数据和测试数据都有很高的预测误差。

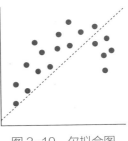

图 3-10　欠拟合图

产生欠拟合的一个明显的原因就是模型过于简单，正如一个"欠"字所示的欠考虑。反映在图 3-10 中，本来利用非线性模型拟合能得到更好的结果，却选择了线性模型。

拟合不足的模型不能很好地把握输入值与目标变量之间的关系。当模型过于简单时（例如，输入特性不足以很好地描述目标），可能会出现这种情况。

3.3.2　偏差与方差的权衡

在讨论过拟合与欠拟合问题时，还会涉及两个重要的概念，即偏差与方差。偏差与方差是在人工智能领域面临权衡的问题之一。

从定义上看，偏差与方差是两个相对简单的概念。偏差是通过距离正确值的远近来衡量的，也就是预测值的平均值与正确值之间的差异，是算法本身的拟合能力的度量，差异越大，那么预测的偏差就越大。

方差则是表示预测值的分散程度，是数据扰动造成的影响，预测值如果越分散，则方差越大。

将偏差与方差按照两个维度分别按高低进行分类，可以得到如图 3-11 所示的 4 种情形。

① 低偏差与低方差。如图 3-11 左下角情形所示，这种情形下偏差很小，所有的预测几乎都与靶心非常接近，而且可以看到，这些点紧密地"团结"在一起，因此方差也很小。这种情形是最好的情形。

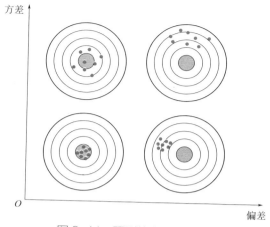

图 3-11　预测的方差与偏差

② 高偏差与低方差。从图 3-11 右下角可以看到，这种情形下几乎所有的点都偏离了靶心，因此这种情况下的偏差较高，但是由于这些点都紧密地集中在某个偏差附近，此时的方差很小。

③ 低偏差与高方差。从图 3-11 左上角可以看出，这些值较为分散，显然此时的方差是较大的。然而这些点的平均值与靶心可能非常接近，所以预测值的偏差应该较小。

④ 高偏差与高方差。图 3-11 右上角的情形应该是最糟糕的，因为这些点较为分散，从而方差较大，再加上它们的平均值也距离靶心较远，因此偏差相对较高。

如图 3-12 所示，图中的直线代表拟合直线，相对于实际样本点（图中的直线以外的点）来说，这条拟合直线的方差是很低的，因为直线没有变动。然而，考虑到实际样本点，直线与每个样本点的偏差实际上是很高的。

图 3-13 是低偏差高方差的一种情形，其实就是对数据的一种过拟合。拟合出来的折线具有很低的偏差，因为拟合迎合了每一个实际样本点，然而这样的折线却有着很高的方差。

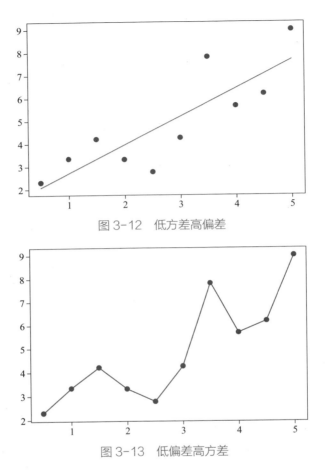

图 3-12　低方差高偏差

图 3-13　低偏差高方差

　　在机器学习中，人们在意的问题之一就是算法的泛化性能，除了问题自身的复杂性、数据的质量以外，模型的泛化性能与泛化误差有着紧密的联系。实际上，机器学习的目的并不是单纯减小偏差或者方差，而是减少泛化误差（generalization error），泛化误差的公式如下所示❶。

---

　　❶ 在公式的右边其实还应有一个噪声项，由于通常假设噪声的期望为 0，因此此处公式暂不考虑噪声。

$$泛化误差 = 偏差^2 + 方差$$

从公式可以看到，偏差和方差共同作用影响泛化误差，并且偏差的贡献较方差而言更多。当训练模型时，一个特别复杂的模型可能导致高方差和低偏差，一个过于简单的模型往往导致低方差和高偏差，但是按照上述公式，这两种结果最终的泛化误差可能是一样的。因此，需要在偏差与方差中追求一个权衡，即偏差 - 方差的权衡（bias variance tradeoff），偏差 - 方差的权衡是监督学习中的一个核心问题。

理想情况下，人们希望找到一个模型，它既能准确捕捉到训练数据中的规律，又能很好地延展至未知数据。然而，不幸的是通常不可能同时做到这两点，如图 3-14 所示，简单的模型尽管方差较小，但往往会产生较高的偏差，从而使得泛化误差偏高，而复杂的模型尽管降低了偏差，但同时增加的方差一样使得模型具有较高的泛化误差。因此，必须要在偏差和误差之间找到一个权衡的方案，使得泛化误差最小。

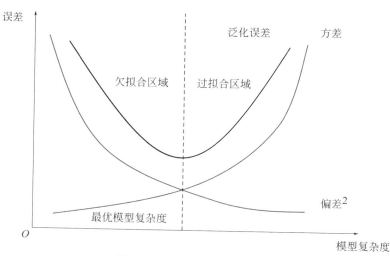

图 3-14　偏差 - 方差的权衡

3.4　利用神经网络识别手写数字图像

3.4.1　MNIST 手写数字图像数据集

　　MNIST（mixed national institute of standards and technology database）手写数字图像数据集，来自美国国家标准与技术研究所（National Institute of Standards and Technology，NIST），它是图像识别入门的一个最常见的数据集，该数据集被广泛用于机器学习领域的训练和测试。当然，它也经常被用作反向传播的训练和测试。

　　该数据来自 250 个不同的人的手写笔迹，其中一半是高中生，另一半是人口普查局的工作人员。该数据集可以从 THE MNIST DATABASE 网站下载，一些主流神经网络架构（如 TensorFlow、PyTorch 等）也提供了单独的加载函数，方便入门使用（见前言二维码中网址 4）。

　　该数据集分为训练集（6 万个数据样本）和测试集（1 万个数据样本），各自都包含图像和标签两个文件。文件名如下：

- 训练数据图像：train-images-idx3-ubyte.gz
- 训练数据标签：train-labels-idx1-ubyte.gz
- 测试数据图像：t10k-images-idx3-ubyte.gz
- 测试数据标签：t10k-labels-idx1-ubyte.gz

　　杨立昆等学者 1998 年提出 LeNet-5 网络时所采用的就是 MNIST 数据集，如图 3-15 所示 ❶。该数据集在机器学习和深度学

---

　　❶ Lecun Y, Botton L, Bengio Y, et al. Gradient-based learning applied to document recognition. in Proceedings of the IEEE, 1998, 35(11): 2278-2324.

习领域内被广泛使用，除了像卷积神经网络这样的深度学习使用外，在如近邻算法、支持向量、神经网络等这样的传统机器学习中也有很多的应用。

数据集中的每一个手写数字图像数据都由 $28 \times 28=784$ 个像素组成灰度图像，像素的值介于 $0 \sim 255$ 之间，每个图像均有对应的标签数据。

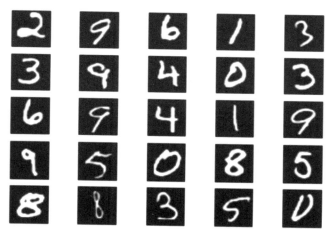

图 3-15　MNIST 数据集的示例图像

例如，图 3-16 给出的就是数字图像格式。这样，一个图像数据就可以由 784 个 $0 \sim 255$ 之间的数字表示出来。

可以想象，数据集其实包含 784 个特征向量，对比前文中鸢尾花的 4 个特征向量，空间维度显然大大增加。鸢尾花数据中需要判别三种花的种类，属于一个"三分类"问题。而在手写数字识别中，因为需要辨别出手写数字的值，输出的结果是 $0 \sim 9$ 之间的数，因此这属于"十分类"问题。

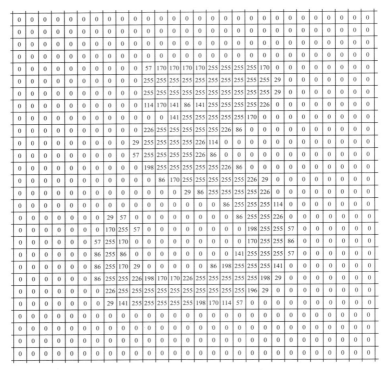

图 3-16　某数字图像格式

3.4.2　Scikit-learn 库神经网络与手写数字图像

　　下载前文中介绍的 MNIST 数据集并作为数据导入有些烦琐，一些研究人员提供了 MNIST 数据集的其他导入方式。

　　Kaggle 是一个机器学习竞赛、托管数据库、编写和分享代码的平台，在该平台上可以下载 CSV 格式的 MNIST 数据集文件（见前言二维码中网址 5），文件包含 mnist_train.csv 与 mnist_test.csv 两个文件，其中 mnist_train.csv 文件包含 60000 个训练示例和标签。第一列值是标签从 0 到 9 的数字，其余 784 列值是从 0 到 255 的数字像素值，如图 3-17 所示。

	label	1×1	1×2	1×3	1×4	1×5	1×6	1×7	1×8	1×9	...	28×19	28×20	28×21	28×22	28×23	28×24	28×25	28×26	28×27	28×28
0	5	0	0	0	0	0	0	0	0	0	...	0	0	0	0	0	0	0	0	0	0
1	0	0	0	0	0	0	0	0	0	0	...	0	0	0	0	0	0	0	0	0	0
2	4	0	0	0	0	0	0	0	0	0	...	0	0	0	0	0	0	0	0	0	0
3	1	0	0	0	0	0	0	0	0	0	...	0	0	0	0	0	0	0	0	0	0
4	9	0	0	0	0	0	0	0	0	0	...	0	0	0	0	0	0	0	0	0	0
...	...	...	...	...	...	...	...	...	...	...	...	...	...	...	...	...	...	...	...	...	...
5995	8	0	0	0	0	0	0	0	0	0	...	0	0	0	0	0	0	0	0	0	0
5996	3	0	0	0	0	0	0	0	0	0	...	0	0	0	0	0	0	0	0	0	0
5997	5	0	0	0	0	0	0	0	0	0	...	0	0	0	0	0	0	0	0	0	0
5998	6	0	0	0	0	0	0	0	0	0	...	0	0	0	0	0	0	0	0	0	0
5999	8	0	0	0	0	0	0	0	0	0	...	0	0	0	0	0	0	0	0	0	0

60000 rows ×785 columns

图 3-17　MNIST 训练数据集（CSV 格式）

文件 mnist_test.csv 中包含 10000 个测试示例和标签，每行包含 785 个值，与训练集相同，第一列值是标签从 0 到 9 的数字，其余 784 列值是从 0 到 255 的像素值，如图 3-18 所示。

	label	1×1	1×2	1×3	1×4	1×5	1×6	1×7	1×8	1×9	...	28×19	28×20	28×21	28×22	28×23	28×24	28×25	28×26	28×27	28×28
0	7	0	0	0	0	0	0	0	0	0	...	0	0	0	0	0	0	0	0	0	0
1	2	0	0	0	0	0	0	0	0	0	...	0	0	0	0	0	0	0	0	0	0
2	1	0	0	0	0	0	0	0	0	0	...	0	0	0	0	0	0	0	0	0	0
3	0	0	0	0	0	0	0	0	0	0	...	0	0	0	0	0	0	0	0	0	0
4	4	0	0	0	0	0	0	0	0	0	...	0	0	0	0	0	0	0	0	0	0
...	...	...	...	...	...	...	...	...	...	...	...	...	...	...	...	...	...	...	...	...	...
9995	2	0	0	0	0	0	0	0	0	0	...	0	0	0	0	0	0	0	0	0	0
9996	3	0	0	0	0	0	0	0	0	0	...	0	0	0	0	0	0	0	0	0	0
9997	4	0	0	0	0	0	0	0	0	0	...	0	0	0	0	0	0	0	0	0	0
9998	5	0	0	0	0	0	0	0	0	0	...	0	0	0	0	0	0	0	0	0	0
9999	6	0	0	0	0	0	0	0	0	0	...	0	0	0	0	0	0	0	0	0	0

10000 rows ×785 columns

图 3-18　MNIST 测试数据集（CSV 格式）

利用 Scikit-learn 库中的 MLPClassifier 函数，可以很容易解决手写数字图像的分类问题。这里的神经网络采用 1 个隐藏层，并设置为 30 个节点。考虑到数据量较大，选择 solver='adam'。并设置最大迭代次数为 1000。

```
# 导入库
import numpy as np
```

```
import pandas as pd
from sklearn.model_selection import train_test_split
from sklearn.neural_network import MLPClassifier

# 导入数据
train_data = pd.read_csv('mnist_train.csv')
test_data = pd.read_csv('mnist_test.csv')

# 数据转换
Train_data = train_data.values
Test_data = test_data.values
X_train = Train_data[:,1:]
y_train = Train_data[:,0]
X_test=  Test_data[:,1:]
y_test = Test_data[:,0]

# 训练模型
model = MLPClassifier(solver='adam',
                      hidden_layer_sizes=(30, ),
                      random_state=1,max_iter=1000)
model.fit(X_train, y_train)

# 模型评估
train_score = model.score(X_train, y_train)
test_score = model.score(X_test, y_test)

# 显示结果
print(' 训练集的准确率 :%f'%train_score)
print(' 测试集的准确率 :%f'%test_score)
```

结果显示：

训练集的准确率：0.981533
测试集的准确率：0.945400

从结果可以看出，利用 Scikit-learn 库可以很轻松地解决手写数字识别的问题，仅 1000 次迭代，就已经达到了较为不错的结果。

3.4.3　NumPy 库神经网络与手写数据集

前文中介绍了利用 Scikit-learn 库中的 MLPClassifier 函数解决手写数字识别问题，尽管很容易实现操作，然而将神经网络的原理与代码相结合能够更好地理解神经网络的工作机理。

本部分的内容给出一个仅利用 NumPy 库完成的最简化的神经网络手写数字识别程序。在程序运行之前，需要下载 npz 版本的 MNIST 数据集文件，可在 Kaggle 官网下载（见前言二维码中网址 6）。

在运行下面的代码之前，编写一个神经网络 bpnn.py 文件（代码见附录二）作为神经网络的核心程序文件，运行前需要导入这个文件，即输入 import bpnn。

```python
import numpy as np
import bpnn
import warnings      # 消除不必要的警告内容


data = np.load('mnist.npz')


# 将 28×28 的输入数据，转换成 1×784 的输入数据
def trans_inputs(raw_inputs):
    inputs = []
    for x in raw_inputs:
        x_reshape = x.reshape(1, 784)
        inputs.append(x_reshape)
    return inputs


# 将取值范围为 [0, 9] 的整型目标数据，转变为长度 10 的 0/1 列表
```

```python
# 比如原始目标数据为 2, 则转变为 [0, 0, 1, 0, 0, 0, 0, 0,
0, 0]
def trans_targets(raw_targets):
    targets = []
    for y in raw_targets:
        t = [0] * 10
        t[y] = 1
        targets.append(t)
    return targets

x_train = trans_inputs(data['x_train'])
y_train = trans_targets(data['y_train'])
x_test = trans_inputs(data['x_test'])
y_test = trans_targets(data['y_test'])

# 设定每层的节点个数, 长度即为层数
layer_nodes = [784, 30, 10]

# 设定学习率
learning_rate = 0.0001

# 创建神经网络实例
bp = bpnn.BpNeuralNetwork(layer_nodes, learning_rate)

# 训练
cur_train_num = 0
max_train_num = 500 * 60000

print("layer_nodes:", layer_nodes)
print("learning_rate:", learning_rate)
print("max train num:", max_train_num)

# suppress warnings:
```

```
# RuntimeWarning: overflow encountered in exp
# return 1 / (1 + np.exp(-x))
warnings.filterwarnings('ignore')

print("\n 开始训练 ...")
train_complete = False
while not train_complete:
    # 使用输入数据列表（60000 条），一轮一轮地训练 BP 神经网络
    for n in range(len(x_train)):
        bp.train(x_train[n], y_train[n])
        cur_train_num += 1
        if cur_train_num % 10000 == 0:
            print("train num: %d" % cur_train_num)
        if cur_train_num>= max_train_num:
            train_complete = True       # 超过最大训练
            次数，训练结束
            break

# 训练结束
print("\n 训练结束，训练次数：%d" % cur_train_num)

# 测试
def test(data_set, inputs, targets):
    correct_count = 0
    for i in range(len(inputs)):
        output = bp.predict(inputs[i])
        result = [0] * 10
        for j in range(len(output)):
            if output[j] > 0.5:
                result[j] = 1
        if result == targets[i]:
            correct_count += 1
```

```
        print("  %s 正确判定数：%d(集合样本数：%d), 准确率：
%2f" % (
            data_set, correct_count, len(inputs),
            correct_count * 1.0 / len(inputs)))

print("\n 结果评估：")
test(" 训练集 ", x_train, y_train)
test(" 测试集 ", x_test, y_test)
```

结果显示：

```
训练结束，训练次数：30000000

结果评估：
    训练集正确判定数：  54574( 集合样本数：  60000), 准确率：
    0.909567
    测试集正确判定数：  8841( 集合样本数：  10000), 准确率：
    0.884100
```

　　从结果可以看出，无论是在训练集的准确率上还是在测试集的准确率上，直接利用 NumPy 编写的程序给出的结果均不如之前直接调用 Scikit-learn 库中 MLPClassifier 函数进行神经网络分析的结果。

　　毕竟，该神经网络是一个只具有最基本功能的网络结构，与考虑了各种情况的成熟函数相比差距是明显的。然而，通过一步步编程实现最基本的网络结构（而不是直接调用函数）是值得的，这样不但可以加深对神经网络原理的了解，同时也可以提升思考问题和解决问题的能力。

第 **4** 章

卷积入门

4.1 图像噪声

何为图像的卷积？卷积操作的步骤是什么？通常会引入一个去噪任务来进行说明。去噪，顾名思义就是去除图像中的噪声（noise），这里的噪声指的是图像中看上去非常突兀的，与周围数据点有较大数值差异的点，如图4-1所示。

图4-1 噪声图像

图像噪声是图像亮度或颜色信息的随机变化引起的。图像噪声是图像捕获中的不良副产品，它掩盖了所需的信息。去噪的方法就是拉近噪点与周围点像素的差异，使噪声点不再那么明显。

在前文中已经介绍了将彩色图转换为灰度图的方法，这里也可以定义一个函数，将彩色图像转换为灰度图像，常见的彩色图像向灰度图像的转换公式如下：

$$灰度值 = 0.3 \times 红 + 0.59 \times 绿 + 0.11 \times 蓝$$

函数定义如下：

```
def rgb2gray(rgb):
    gray = np.dot(rgb[..., :3], [.3, .59, .11])
    return gray.astype(np.uint8)
```

通过调用上述函数就可以将彩色图转换为灰度图，代码如下：

```
import numpy as np
import matplotlib.pyplot as plt
from PIL import Image
img_rgb = plt.imread("baby.jpg")      # 读入彩色图像
img_gray = rgb2gray(img_rgb)      # 将彩色图像转换为灰度图像
# 画子图 1
plt.subplot(1,2,1)
plt.imshow(img_rgb)
plt.axis('off')
# 画子图 2
plt.subplot(1,2,2)
plt.imshow(img_gray, cmap='gray')
plt.axis('off')
plt.show()
```

结果显示：

还可以自定义一个为灰度图添加随机噪声的函数。

```python
def random_noise(img):
    # 为灰度图添加随机噪声
    height,width = img.shape
    noise_prob = .01
    noise_num = int(noise_prob*width*height)
    img_noise = img.copy()
    for i in range(noise_num):
        x = np.random.randint(0, height)
        y = np.random.randint(0, width)
        img_noise[x, y] = 255
    return img_noise
```

直接调用该函数，为灰度图像添加噪声。

```python
img_noise = random_noise(img_gray)
plt.imshow(img_noise,cmap='gray')
plt.axis('off')
plt.show()
```

结果显示：

4.2　卷积核与去噪

去噪的方法有很多种，如加权求和，可以对该像素以及其周边 8 个像素都乘以 1/9，把它们累加起来，得到一个值，用其替代噪声点对应的数值，如图 4-2 所示。

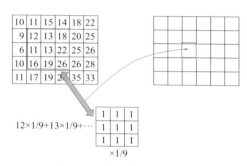

图 4-2　卷积核的平滑运算

该思路就是将突兀的噪声点和周围的"邻居"进行平均，公式如下：

$$降噪后 = \frac{1}{9} \sum_{i=0}^{9} 1 \times \mathrm{Gray}_i$$

这种将权重与对应点相乘后累加的计算方式被称为卷积操作，而存储上述 9 个权重值的模板就叫作卷积核 (convolution kernel)，在一些图像处理中，也称为滤波器 (filter)。

可以用 OpenCV 的 filter2D 卷积函数来实现上述设定，代码如下（其中，import cv2 是 OpenCV 的调用方法）：

```
import numpy as np
import matplotlib.pyplot as plt
from PIL import Image
```

```
import cv2

# 均值卷积核
kernel = np.array([[1, 1, 1],
                   [1, 1, 1],
                   [1, 1, 1]])/9

plt.subplot(1,2,1)
plt.imshow(img_noise,cmap='gray')
plt.axis('off')

# 利用 OpenCV 的卷积函数 filter2D
img_denoise = cv2.filter2D(img_noise, -1, kernel)
plt.subplot(1,2,2)
plt.imshow(img_denoise,cmap='gray')
plt.axis('off')

plt.show()
```

结果显示：

　　从结果可以看到，对图中所有的像素点都执行上述的卷积操作，得到的结果看上去就少了很多噪声，整体而言平滑了很多。

卷积核对图像处理的应用并不是近些年的新兴产物，很早以前，随着图像数字化的发展和数字化图像处理需求的增加，研究者就曾经使用卷积的思维对图像进行操作加工，只不过那时的处理技术并不能像卷积神经网络一样同时准备多种不同卷积核进行复杂处理，而是使用订制设计的单一卷积核对图像进行操作，比如提取图像边缘、降噪、模糊化等。

由于那时候的思路源于信息处理技术方面的知识，故此当时将卷积核称作滤波器。滤波器和卷积核在本质上是同一种东西，下文统一使用卷积核指代。

卷积核工作原理如图 4-3 所示，对 3×3 的原图用 2×2 的卷积核进行卷积计算。首先针对左上角 2×2 区间进行计算，对应位置乘积的总和为 37（1×1+2×2+4×3+5×4=37），之后依次计算

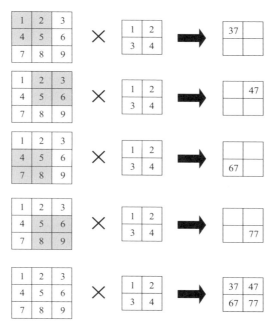

图 4-3　卷积核工作原理

右上角、左下角和右下角，相当于卷积核在原图中按照从左到右、从上到下的顺序依次滑动，得到了卷积输出结果（2×2 矩阵）。

这里用均值模糊化卷积核来举例讲解。顾名思义，均值模糊化卷积核对其对应的处理范围取均值，并将其结果作为特征输出到对应的坐标位置。

这个卷积核的设计思想非常容易理解：自然界的很多景象的色彩变化都是很"平滑"的，例如天空、海面的渐变色，一旦图像中出现了噪点，必然就破坏了这种平滑，均值模糊卷积核通过局部取平均的计算，能够抹平噪点。

当然，因为这种"平滑"仅仅是一种统计结果，很多颜色边界线等区域本身就不是"平滑"的，反而因为卷积运算变得"平滑"，视觉上呈现出一种近视却没戴眼镜的"模糊"感。

卷积核中的取值，并非一定要写成 1/9，上述均值模糊效果的卷积核只是众多卷积核中的一种，卷积核的取值是自由且任意的，可以根据不同的目的进行设计。

将上面程序中的均值卷积核替换为下文中的卷积核，可以看到不同卷积核的作用效果。原始图像如图 4-4 所示。

图 4-4　原始图像

同一化：

$$\begin{bmatrix} 0 & 0 & 0 \\ 0 & 1 & 0 \\ 0 & 0 & 0 \end{bmatrix}$$

```
kernel = np.array([[0, 0, 0],
                   [0, 1, 0],
                   [0, 0, 0]])
```

同一化后的图像如图 4-5 所示。

图 4-5　同一化后的图像

均值模糊 −1：

$$\frac{1}{9}\begin{bmatrix} 1 & 1 & 1 \\ 1 & 1 & 1 \\ 1 & 1 & 1 \end{bmatrix}$$

```
kernel = np.array([[1, 1, 1],
                   [1, 1, 1],
                   [1, 1, 1]])/9
```

均值模糊 −1 后的图像如图 4-6 所示。

图 4-6　均值模糊 −1 后的图像

均值模糊 −2：

$$\frac{1}{25}\begin{bmatrix} 1 & \cdots & 1 \\ \vdots & & \vdots \\ 1 & \cdots & 1 \end{bmatrix}$$

```
kernel = np.array([[1, 1, 1, 1, 1],
                   [1, 1, 1, 1, 1],
                   [1, 1, 1, 1, 1],
                   [1, 1, 1, 1, 1],
                   [1, 1, 1, 1, 1]])/25
```

　　将均值平滑卷积核的大小从 3×3 扩展到 5×5 后，可以看到随着卷积核的扩大，处理后的图像更加模糊。均值模糊 −2 后的图像如图 4-7 所示。

　　除了均值模糊，另一种常见的模糊技术就是高斯模糊，其原理来自高斯函数

$$f(x) = \frac{1}{\sigma\sqrt{2\pi}}\mathrm{e}^{-\frac{(x-\mu)^2}{2\sigma^2}}$$

　　上式是一维连续高斯函数表达式，其分布函数图形为正态分布。式中 μ 是均值，σ 是标准差，由公式可知 x 取值距离均

图 4-7 均值模糊 -2 后的图像

值 μ 越近，则 $f(x)$ 值越大，σ 取值越大，$f(x)$ 的峰值越小，函数整体越发"扁平"。将高斯函数作为权重对原始数据进行积和运算，会使得目标数据向其相邻数据"趋同"，从而产生平滑模糊效果。

在图像领域，二维高斯分布更加常用。考虑到图像表达中的 x、y 轴相互独立，二维高斯函数的表达式可以写作：

$$f(x,y) = \frac{1}{2\pi\sigma^2} e^{-\frac{(x-\mu_x)^2+(y-\mu_y)^2}{2\sigma^2}}$$

实际应用中，为了计算高斯卷积核，需要设定卷积核的大小、均值和标准差三个超参数，考虑到计算时常以目标像素位置为中心点，所以均值 μ=0，只需要考虑卷积核大小和标准差 σ 的取值。前者限制了对当前像素点产生影响的邻域范围，后者则规定了邻域中各像素点对当前像素点的权重强度（影响程度）。

先看一下下面这个类高斯核的效果，代码如下，图像如图 4-8 所示。

```
kernel = np.array([[1, 2, 1],
                   [2, 4, 2],
                   [1, 2, 1]])/16
```

图 4-8　类高斯核后的图像

可以看到，相比于均值模糊，高斯模糊更能够保留一些图像的细节信息。也可以调用 OpenCV 中的高斯模糊函数 GaussianBlur，将函数核的大小设定为 5×5，对于 x 方向标准差和 y 方向标准差，这里都设定为 1。

关于 OpenCV 的安装及说明，会在本书的第 6 章做详细介绍。

```
# 调用 OpenCV 中的高斯模糊函数
img_out = cv2.GaussianBlur(img_gray, ksize=(5, 5,),
sigmaX=1, sigmaY=1)
```

高斯核后的图像如图 4-9 所示。

图 4-9　高斯核后的图像

4.3 边缘检测

上一节中提到了用于模糊处理的卷积核会使得图中物体的边缘变得模糊，本节将对"边缘"的概念以及"边缘检测"这一技术进一步展开介绍。

"边缘"这一概念在计算机视觉领域非常基础且重要，作为图像特征的一个重要门类，"边缘"通常指代图像中像素发生剧烈变化的点的集合，这个集合通常会表现为图像中物体的轮廓或者场景的分割线。而边缘的产生一般是因为拍摄场景中的物体本身不连续，或者物体表面方向出现变化（如围墙的转角处），抑或者物体表面的材料不同或者所处光照条件不同所产生的视觉上的不连续。

边缘检测本身并不是一个很新的技术，传统方法如拉普拉斯算子、索伯（Sobel）算子都具备不错的边缘检测效果，这几种算子在基于神经网络技术的边缘检测中也具备启发和应用价值。

拉普拉斯算子的本质就是二阶微分运算，将二阶微分运算代入卷积核，就能简单实现对边缘的检测。考虑到图像的横纵坐标轴相互独立，可以将二维的二阶微分拆分成两个一维二阶微分，分别对应横向和纵向边缘特征的检测。

横向边缘检测：

$$\begin{bmatrix} 0 & -1 & 0 \\ 0 & 2 & 0 \\ 0 & -1 & 0 \end{bmatrix}$$

```
kernel = np.array([[0, -1, 0],
                   [0, 2, 0],
                   [0, -1, 0]])
```

效果如图 4-10 所示。

图 4-10　横向边缘检测后的图像

纵向边缘检测：

$$\begin{bmatrix} 0 & 0 & 0 \\ -1 & 2 & -1 \\ 0 & 0 & 0 \end{bmatrix}$$

```python
kernel = np.array([[0, 0, 0],
                   [-1, 2, -1],
                   [0, 0, 0]])
```

效果如图 4-11 所示。

图 4-11　纵向边缘检测后的图像

　视觉感知：深度学习如何知图辨物

拉普拉斯边缘检测：

$$\begin{bmatrix} 0 & -1 & 0 \\ -1 & 4 & -1 \\ 0 & -1 & 0 \end{bmatrix}$$

```
kernel = np.array([[0, -1, 0],
                   [-1, 4, -1],
                   [0, -1, 0]])
```

效果如图 4-12 所示。

图 4-12　拉普拉斯边缘检测后的图像

　　还可以在拉普拉斯卷积核的基础上加上一个同一化的卷积核，形成锐化效果。锐化，即是对图中物体边缘部分进行视觉上的强化和凸显，使其看上去更加鲜明。

$$\begin{bmatrix} 0 & -1 & 0 \\ -1 & 5 & -1 \\ 0 & -1 & 0 \end{bmatrix}$$

```
kernel = np.array([[0, -1, 0],
                   [-1, 5, -1],
                   [0, -1, 0]])
```

效果如图 4-13 所示。

图 4-13 锐化后的图像

将图 4-13 与原图进行对比，能够发现墙面上的木纹、孩子衣衫上的文字都显得更加清晰。

再来看一下索伯算子：

$$G_x = \begin{bmatrix} -1 & 0 & 1 \\ -2 & 0 & 2 \\ -1 & 0 & 1 \end{bmatrix} * I, G_y = \begin{bmatrix} -1 & -2 & -1 \\ 0 & 0 & 0 \\ 1 & 2 & 1 \end{bmatrix} * I$$

式中，$*$ 代表卷积运算；I 代表原始图像；G_x 是 x 轴方向，即水平方向上的梯度近似值（加权差值）；G_y 是 y 轴方向，即垂直方向上的梯度近似值。索伯算子可以看作是高斯平滑和微分的组合，例如 G_x 可以改写成：

$$G_x = \begin{bmatrix} 1 \\ 2 \\ 1 \end{bmatrix} * (\begin{bmatrix} -1 & 0 & 1 \end{bmatrix} * I)$$

有了 G_x、G_y 这两个值，我们就可以计算出对应像素的梯度大小（G）和方向（$\boldsymbol{\Theta}$）：

$$G = \sqrt{G_x^2 + G_y^2}, \boldsymbol{\Theta} = \text{atan2}(G_y, G_x)^{❶}$$

---

❶ 在几何意义上，atan2(y,x) 等价于 atan($\frac{y}{x}$)，但 atan2(y,x) 的最大优势是可以正确处理 $x=0$ 而 $y \neq 0$ 的情况，并不会导致 $\frac{y}{x}$ 的计算出现除零异常。

以竖条纹边缘为例，如果计算得到的 Θ 等于零，就说明像素的左侧像素值更高；若等于 π，则右侧更高。

索伯算子和拉普拉斯算子的卷积模板看上去较为相似，区别是后者无方向性，对任何走向的边界都能进行锐化，而索伯算子的运算结果是在目标点产生一个梯度矢量，对边缘的定位不够精确，但对噪点的鲁棒性较拉普拉斯算子更优。

索伯算子的实现可以通过调用 OpenCV 的函数来实现，代码如下：

```
xgrad = cv2.Sobel(gray, cv.CV_16SC1, 1, 0)    # x 方向
ygrad = cv2.Sobel(gray, cv.CV_16SC1, 0, 1)    # y 方向
```

4.4　纹理分析

上文提到的边缘只是图像特征中的一种，常见的另一种图像特征是纹理。纹理是能够表达某种具备一定规律浓淡变化的纹路，也指代由规律性、周期性重复图样构成的图像。

纹理的特征一般通过对其性质（如粗细、方向、粒度 / 线性程度、对比度、规律性等）的定量分析来表达。而纹理分析技术，就是基于这些纹理特征，对图像内容进行分类或分割的技术。图 4-14 展示了一些常见的纹理图像。

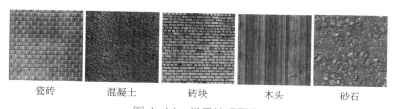

瓷砖　　　混凝土　　　砖块　　　木头　　　砂石

图 4-14　常见纹理图像

传统方法一般通过以下四种手法对纹理特征进行定量描述：

① 柱状图特征。通过像素值柱状图或者边缘强度柱状图来计算纹理特征。

② 差分统计量。利用指定间隔的 2 个点的像素值之差来表达纹理特征。

③ 灰度共现矩阵（gray-level co-occurrence matrix，GLCM）。利用共现矩阵表达两个像素值的相对位置，从而体现纹理特征。

④ 傅里叶特征。对图像进行傅里叶变换，用其空间周波数成分的分布来表达纹理特征，如图 4-15 所示。

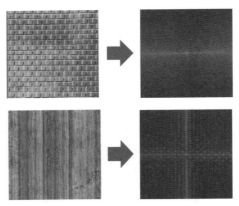

图 4-15　图像的傅里叶变换

而随着神经网络技术的发展，很多研究者也开始利用诸如卷积神经网络等人工智能技术对图像中的纹理进行分析识别。还有些研究者尝试着对纹理进行替换和改动，比如加州大学的研究团队❶就卷积神经网络对物体识别的机理和人类视觉系统的区别展开了研究，他们发现卷积神经网络对于诸如纹理特征的细节信息更为敏感，与之相对的，人类的视觉系统则对整体形状等全局信息

❶ Baker N, Lu H, Erlikhman G, et al. Deep Convolutional Networks Do Not Classify Based on Global Object Shape. PLoS Comput Biol, 2018, 14(12): e1006613.

反应更灵敏，如图 4-16 所示。

图 4-16（c）中是将图 4-16（a）中印度象皮肤纹理迁移到猫的照片后生成的结果，人类看到后，几乎都会认为这是一只猫的模糊图像，而卷积神经网络的识别结果则认为有近 64% 的可能性是一只印度象。

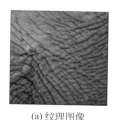  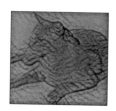

(a) 纹理图像	(b) 内容图像	(c) 纹理-形状矛盾线索
81.4%　印度象	71.1%　虎斑猫	63.9%　印度象
10.3%　马达加斯加大狐猴	17.3%　灰狐	26.4%　马达加斯加大狐猴
8.2%　黑天鹅	3.3%　暹罗猫	9.6%　黑天鹅

图 4-16　重纹理而非重形状 ❶

这是一种"以偏概全"的认知偏差。其原因是在大量的优质数据驱动下，卷积神经网络只凭借细节信息就能够达到一个很高的识别精度，没有必要特意强调全局信息（如形状等）学习的重要性。

当然，从另一个方面则反映出了卷积神经网络对于纹理特征的认知更为精准，可以将对纹理内容分析和利用的工作交由它去学习和操作，而关于卷积神经网络的内容将会在下一章进行详细介绍。

❶ Geirhos R, Rubisch P, Michaelis C, et al. ImageNet-trained CNNs are Biased Towards Texture; Increasing Shape Bias Improves Accuracy and Robustness. ICLR, 2019.

第 **5** 章

卷积神经网络及经典详解

5.1 卷积神经网络的提出

5.1.1 从全局到局部

回顾第 3 章利用神经网络进行手写数字识别的案例，利用了前馈全连接神经网络解决了 28×28 的手写数字识别问题，使用了一个含有 30 个神经元的隐藏层。假设某网络结构如图 5-1 所示，具有两个隐藏层，且每层均为 784 个节点，那么这个神经网络的参数（不考虑偏置的情况）有多少个呢？

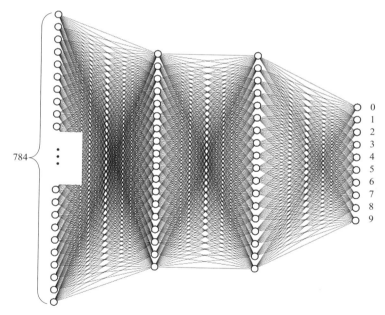

784

0
1
2
3
4
5
6
7
8
9

图 5-1　全连接层的参数"爆炸"

答案是约为 124 万（$784 \times 784 + 784 \times 784 + 784 \times 10$）个参数。随着网络层数与节点数的增加，参数也在爆发式增长。尽管理论上已经证明一个神经网络可以逼近任何函数，然而现实中这种网络的结果显然不适应高像素图像的需求。

大量的连接意味着几件事。首先，计算预测将需要大量的处理时间。其次，将拥有大量的权重，使网络容量非常大。网络的大容量意味着将需要大量的训练例子来避免过拟合。

1998 年，杨立昆发表了一篇名为《基于梯度学习在文档识别中的应用》（*Gradient-Based Learning Applied to Document Recognition*）的论文，论文中阐述了一个基于梯度学习的手写识别网络，并取名为 LeNet-5。LeNet-5 第一次定义了卷积神经网络结构（convolutional neural network，简称 CNN），它的提出被视为卷积神经网络的开端，图 5-2 中展示了 LeNet-5 的架构 ❶。

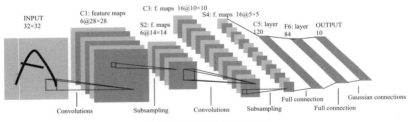

图 5-2　LeNet-5 架构

（Input/Output: 输入 / 输出；feature maps: 特征图；Convolution：卷积；Subsampling：降采样；Full connection: 全连接；Gaussian connections: 高斯连接）

以现今的眼光来看，LeNet 是一个既小又平平无奇的网络，然而从卷积神经网络技术的发展历程角度来看，LeNet 在当时做出了很多贡献。比如，提出了基于卷积层 + 池化层 + 全连接层的基本框架；引进"感受野"这一概念，让卷积层具备了生物理论基础；设计了共享权重结构，从而大大降低了超参数数量；用 tanh

---

❶ Le C Y, Bottou L, Bengio Y, et al. Gradient-Based Learning Applied to Document Recognition. Proceedings of the IEEE, 1998, 86(11): 2278-2324.

函数代替 sigmoid 函数作为激活函数，利用前者奇函数特征（原点对称），加快了模型收敛速度。

随着研究的进展，近年来，卷积神经网络已经不局限于图像处理，也同样被广泛应用在如音频处理、自然语言处理等其他领域。

其实，卷积神经网络最开始是作为应对图像中的物体识别这一课题而开发出的专项算法，但由于其远超其他算法的性能，后又被用在迁移学习、强化学习等方面的研究中。也由此，卷积神经网络得到了飞速的宣传和普及。

卷积神经网络的主要思想有以下两点：一是从全连接到局部连接（图 5-3），二是权重共享（图 5-4）。

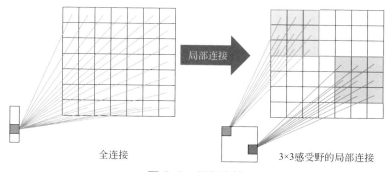

全连接   3×3感受野的局部连接

图 5-3　局部连接

通常人们看风景时，很难将整个画面尽收眼中，每次只能在视野所及范围内活动，这也就是局部感受野的概念。反映到模型中就是从对图像一网打尽的全连接到感受野的局部连接，如图 5-3所示。

权重共享是指，如果知道如何甄别出画面中某个区域的局部特征，那么就知道如何在画面的其他区域用"同样"的思路发现该特征，因此，在画面的不同位置共享相同的参数，如图 5-4所示。

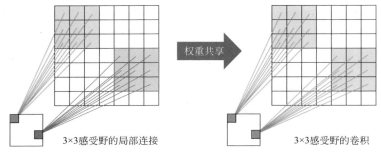

3×3感受野的局部连接   3×3感受野的卷积

图 5-4　权重共享

5.1.2　感受野

很多资料在介绍卷积神经网络的同时，都提及了"感受野"的概念，那么，什么是感受野呢？感受野这个词来自神经科学，是生物科学方面的概念，最早由英国生理学家查尔斯·斯科特·谢灵顿（Charles Scott Sherrington）在 1906 年提出。

根据何塞 - 曼纽尔·阿隆索（Jose-Manuel Alonso）和姚琛的解释，感受野是感觉空间的一部分，当被刺激时会引起神经元反应。感觉空间可以以一维、二维或多维来定义[1]。而且，根据他们的说法，霍尔登·凯弗·哈特兰（Haldan Keffer Hartline）在 1938 年，基于青蛙的视网膜，将该术语应用于单个神经元。

人的神经遍布身体各处，仅以触觉而论，外界的刺激（冷、热、疼痛等）要通过负责感知的神经元将信号经由中枢神经传导至大脑，而人体表面积很大，需要很多神经元分别负责一部分区域的感受任务。人对外界光线的视觉感知也是类似的机制，眼球后方的视神经纤维分别对应着一部分区域的视网膜，这个神经所能感受到的空间区域被称为"感受野"，类似于不同的安保人员负

---

[1] Alonso J M, Chen Y. Receptive Field. Scholarpedia, 2008, 4 (1): 5393.

责观察中央监控系统的一部分屏幕，如图 5-5 所示。

图 5-5　中央监控系统

卷积神经网络中的卷积运算和视觉感受野的工作机制极其相似，如果将输入图像类比成感知器官（皮肤、视网膜），将输出数据（特征值）视作对应神经元，那么输出值在原图像上对应的区域就是感受野，更简单点说，感受野就是特征值所对应的原图上的区域，其大小受到卷积核和神经网络深度的影响。

感受野这个概念对评估卷积神经网络的功效具有重要的意义。对于某一个特征值而言，其只受到它的感受野中的图像内容的影响，也就是说感受野之外的图像不在该特征值的参照范围内，那么控制好感受野范围，决定了网络最终能否从原图像全部像素中学习到相关信息，在图像分割和图像光流分析等需要精确分析的工作中，每个输出特征值都需要保证拥有一个足够大的感受野，以使参考的信息足够保证预测精度，或者不遗漏一些重要的图像信息。

5.2　卷积层、池化层与全连接层

自卷积神经网络诞生伊始，其主要层级结构便可概括为卷积层（convolution layer）、池化层（pooling layer）和全连接层（full connection layer）三大类，如图 5-6 所示。下面对这几个层的特征做基本介绍。

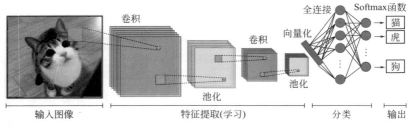

图 5-6　卷积神经网络的结构示意图

5.2.1　卷积与卷积层

在卷积运算中，使用高和宽均为 3 的原图、高和宽均为 2 的卷积核以及高和宽均为 2 的输出。从以上可以看出，卷积层输出的大小是由原图的大小和卷积核的大小决定的，输出结果的形状大小即：

$$(n_h - k_h + 1) \times (n_w - k_w + 1)$$

式中，n_h 和 n_w 代表原图的高和宽；k_h 和 k_w 代表卷积核的高和宽。

填充（padding）是卷积层的一个超参数，它是指在输入高和宽的两侧填充一些数值，一般是 0。在图 5-7 中，如果将原图的高与宽两侧均加入数值 0，也就是 p_h 和 p_w（分别代表在高和宽上一共填充的层数）均为 2，原图的高与宽均从 3 变为 5。输出结果形状的大小为：

$$(n_h - k_h + p_h + 1) \times (n_w - k_w + p_w + 1)$$

在卷积核工作原理的图中考虑填充的情况如图 5-7 所示，当卷积核经过红色区域时，卷积运算的结果为 4，当卷积核扫过绿色区域时，运算结果为 77。

在以上的介绍中，卷积核每次移动 1 列或者 1 行，称这种每

图 5-7　填充后的卷积运算

次移动的行数和列数为步幅（stride），步幅也是卷积层中的超参数之一。在本书中，如无特殊说明，则默认步幅为 1。

有了这些概念，可以通过一个例子对感受野进行介绍。如图 5-8 所示，对于原始大小为 10×10 的图像，用 3×3 的卷积核进行特征提取。经过第一次卷积，原图的大小会变成 8×8 的特征图 1。此时，对于特征图 1 上的每一个点，其感受野自然和卷积核大小相同，均为 3。

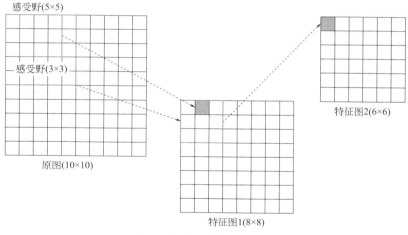

图 5-8　深层中的感受野

如果对此时的特征图再进行一次卷积运算（卷积核大小仍为 3），那么新产生的特征图 2 大小就是 6×6，其上每一个特征点在特征图 1 中对应的区域大小等于卷积核大小 3×3，而特征图 1 中

的 3×3 在原图中对应的大小为 5×5，故而经过两次卷积后，每一个特征点对应的感受野大小为 5×5。因此，卷积神经网络中，深层的神经元所能看到的输入区域更大。

卷积层是卷积神经网络的核心所在，通过卷积核计算并收集图像的局部特征，能够在压缩图像数据维度的同时提取图像的各类特征（如边缘、曲线等）。同时通过其中"参数共享"的设计，让卷积层对图像的位移具备鲁棒性，简而言之，就是哪怕图像有若干像素的错位，也不影响卷积神经网络对其内容的判别。

5.2.2 池化与池化层

池化（pooling）也是一个十分重要的概念，它是下采样的一种方式。池化层和卷积层都是对输入数据的一个固定形状和大小的窗口进行计算。但不同的是，池化的计算通常是取最大值或者平均值，分别称为最大池化和平均池化，如图 5-9 所示。

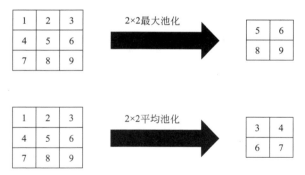

图 5-9　最大池化与平均池化

① 最大池化。其处理并不复杂，就是从相邻 4 个特征数据中提取最大值，作为 4 个特征值的"特征值"。由于最大值的特征值可以理解为最具"特征"的数值，所以提取最大值的操作不

会泯灭主要特征，故此保留了卷积层的位移鲁棒性（或称位移不变性）。

② 平均池化。不同于最大池化，平均池化提取的是相邻 4 个特征值的均值，均值下采样是信息处理的常用思路之一。相比于最大池化的方式，平均池化能够在一定程度上保留特征图的整体结构特征。以图 5-9 为例，平均池化能够稳定地保留特征值自左上到右下逐渐升高的广域分布特征，相对地，最大池化则更侧重极值强度的保留，对梯度消失问题有一定的抗性。

需要注意，池化层主要作用是降低数据规模，其中并不包含学习概念，不涉及系数更新等操作。

5.2.3　全连接层

全连接层是卷积神经网络最后负责图像判别的层，其形态和传统的多层感知机相同，因此数据在进入全连接层之前也需要变形成一个列向量。在经过卷积层和池化层的处理过后，图像数据的规模得到了很大的压缩，其中蕴含的"高级"特征也得到了一定程度的显现。因此，此时的数据不论从规模上还是特性表达上都满足使用多层感知机进行分类或者识别的需求。

在经过卷积层和池化层的不断堆叠之后，图像已经从原始的数据点集合，逐层向更抽象的语义方向变化，就如同盲人摸象故事中，不同人识别出象的不同部分，作为旁观者，则能在他们描述的基础上进一步抽象整合，完善出"象"的外形概念。

当然，在训练阶段的卷积神经网络通常无法一步到位地总结归纳出"象"的判别基准，神经网络会计算出一套自己的判定模型来迎合训练数据，再通过输出值和期望结果之间的差异，通过反向传播算法逐层更新网络模型中的系数（权重），这样正向反向来回反复修正，就会逐渐逼近一个精度足够（误差小于预设值）的模型，称这时的网络结构和网络系数集合是一个训练完成的神经网络模型。

图 5-10 展示的是一个利用卷积神经网络来识别手写数字的例子。该模型能够将 32×32 大小的输入的手写数字图像转化为识别结果，即一个长度为 10 的向量，分别代表了输入图像是 0～9 的可能性。

图 5-10 中的神经网络首先对输入层进行了卷积计算，本层卷积核大小统一为 5×5，卷积层从输入图像中提取了 6 个 28×28 大小的特征图。

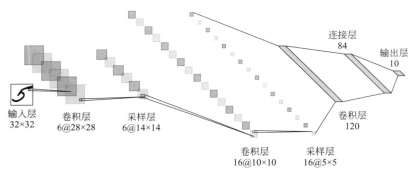

图 5-10　卷积神经网络用于手写数字识别

随后对这些反映了原图局部特征的特征图进行池化运算，这一层称池化层，该层会从输入数据中的 2×2 区间里提取最具代表性的特征值向后传递。顾名思义，池化层的功能是从输入数据中采集有用信息，该操作也同时降低了数据规模。

经过两轮卷积-采样的运算，数据规模已经被压缩到 16 个 5×5 大小的特征图，此时再通过一次卷积便可以将这 16 个 2 维特征图映射为一个具备 120 个数值的向量。最后的部分设计与多层神经网络原理相同，通过一个 84 维的全连接层，将 120 维的向量输出到 10 维的输出层，就能完成整个识别任务。

5.3 卷积神经网络的图像分类

5.3.1 CIFAR-10 图像集介绍

CIFAR-10 共计包含 60000 张 32×32 大小的彩色图像，这些图像分为 10 个类别，每个类别包含 6000 张图像。

数据集分为 5 个训练批次和 1 个测试批次，每个批次有 10000 张图像。测试批次恰好包含来自每个类别的 1000 张随机选择的图像。训练批次由剩余图像（每个类别 5000 张）随机构成，因此一些训练批次中各类别的图片数量可能不平衡。

图 5-11 是每个类别所包含的图像示例。

图 5-11　CIFAR 10 数据集

该数据集可以从官网下载，亦可通过 Torchvision 库中的 datasets 函数进行调用（见前言二维码中网址 7）。本书中使用后一种方法对 CIFAR-10 进行调用，并用其训练图像分类网络。

5.3.2 简单实现图像分类

首先需要调用所需要的库：

```
import numpy as np
import matplotlib.pyplot as plt
# 在 jupyter notebook 中显示图形
%matplotlib inline
# 默认设置下 matplotlib 图片清晰度不够，可以将图设置成矢量格式
%configInlineBackend.figure_format = 'svg'
import torch
import torchvision
import torchvision.transforms as transforms
import torch.nn as nn
import torch.nn.functional as F
import torch.optim as optim
```

其中 NumPy 用于数值计算，Matplotlib 用于数据可视化，其余的库用于提供神经网络的架构和学习。

调用好所需要的库之后，需要进行数据的准备，代码如下：

```
# ToTensor: 将图像值从 RGB 的 0 ~ 255 映射为 0 ~ 1
# Normalize: （可选项）正规化, 将 RGB 的平均值和标准差设定为 0.5
transform = transforms.Compose(
    [transforms.ToTensor(), transforms.Normalize((0.5, 0.5,
    0.5), (0.5, 0.5, 0.5))])

# 下载训练数据集
trainset = torchvision.datasets.CIFAR10(
    root='./data', train=True, download=True,
transform=transform)
```

```
trainloader = torch.utils.data.DataLoader(
    trainset, batch_size=4, shuffle=True, num_workers=2)

# 下载测试数据集
testset = torchvision.datasets.CIFAR10(
    root='./data', train=False, download=True,
transform=transform)
testloader = torch.utils.data.DataLoader(
    testset, batch_size=4, shuffle=True, num_workers=2)
```

运行成功后，将会在当前文件夹下创建一个 data 子文件夹，并存放各训练集和测试集。结果显示如下：

```
Downloading https://www.cs.toronto.edu/~kriz/cifar-10-python.tar.gz to ./data/cifar-10-python.tar.gz
                              170499072/? [17:56<00:00, 313250.34it/s]
Extracting ./data/cifar-10-python.tar.gz to ./data
Files already downloaded and verified
```

可以通过下列代码对数据进行确认。

```
# 训练用数据集 32×32 大小 RGB 图像 50000 张
print(trainset.data.shape)
# 测试用数据集 32×32 大小 RGB 图像 10000 张
print(testset.data.shape)
# 确认分类列表
print(trainset.classes)
```

结果显示：

```
(50000, 32, 32, 3)
(10000, 32, 32, 3)
['airplane', 'automobile', 'bird', 'cat', 'deer',
'dog', 'frog', 'horse', 'ship', 'truck']
```

接下来对下载的图像内容进行确认，这里需要定义一个函数用以展示图片。

```
# 显示下载图像
def imshow(img):
    # 将图像值分布调整回 0 ～ 1
    img = img / 2 + 0.5
    # 转换数据结构: torch.Tensor → numpy.ndarray
    npimg = img.numpy()
    # 转换数据形状: (RGB, 高, 宽) → (高, 宽, RGB)
    npimg = np.transpose(npimg, (1, 2, 0))
    # 显示图像
    plt.imshow(npimg)
    plt.show()
```

利用定义的函数 imshow，可以随机抽检下载的图像数据。

```
dataiter = iter(trainloader)
images, labels = dataiter.next()
imshow(torchvision.utils.make_grid(images))
print(' '.join('%5s' % trainset.classes[labels[j]] for
j in range(4)))
```

随机抽取 4 张训练图像及标注的分类名称结果如下：

deer arutomobile truck bird

确认好数据无误，就可以建立一个自己的分类用卷积神经网络，仿照 LeNet 建立一个由两个卷积层和三个全连接层组成的网络，激活函数统一使用 ReLU 函数。其结构图和代码如图 5-12 所示。

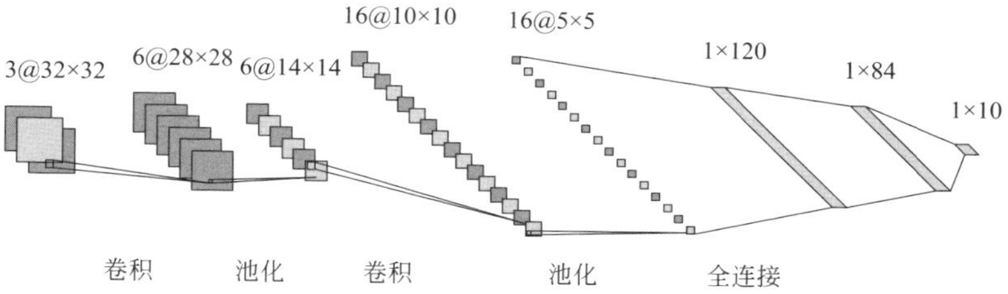

图 5-12　训练用卷积神经网络结构

```python
class Net(nn.Module):
    def __init__(self):
        super(Net, self).__init__()
        self.conv1 = nn.Conv2d(3,      # 输入通道数
                               6,      # 输出通道数
                               5)      # 卷积核大小
        self.conv2 = nn.Conv2d(6, 16, 5)
        self.pool = nn.MaxPool2d(2,      # 池化核大小
                                 2)      # 步幅
        self.fc1 = nn.Linear(16 * 5 * 5, 120)  # 输入
尺寸, 输出尺寸
        self.fc2 = nn.Linear(120, 84)
        self.fc3 = nn.Linear(84, 10)

    def forward(self, x):
        x = F.relu(self.conv1(x))
        x = self.pool(x)
        x = F.relu(self.conv2(x))
        x = self.pool(x)
        x = x.view(-1, 16 * 5 * 5)
        x = F.relu(self.fc1(x))
        x = F.relu(self.fc2(x))
        x = self.fc3(x)
        return x

net = Net()
```

为了让网络中的参数能够更新并收敛，需要设定损失函数和优化器，这里使用交叉熵作为损失函数，并利用随机梯度下降法优化系数。

```
# 交叉熵
criterion = nn.CrossEntropyLoss()
# 随机梯度下降法
optimizer = optim.SGD(net.parameters(), lr=0.001,
momentum=0.9)
```

下面开始对上文定义的卷积神经网络进行训练，设定训练 50 代（epoch），并将训练过程中的损失（loss）与精度（accuracy）记录下来。

```
epoch = 50

history = {
    'train_loss': [],
    'train_acc': [],
    'test_acc': []
}

for e in range(epoch):
    running_loss = 0.0
    for i, data in enumerate(trainloader, 0):
        inputs, labels = data
        optimizer.zero_grad()
        outputs = net(inputs)
        loss = criterion(outputs, labels)
        loss.backward()
        optimizer.step()

        if i % 1000 == 999:
```

```
            print("''Training log: {} epoch ({} / 50000).
   Loss: {}'''
                  .format(e + 1,
                          i + 1,
                          loss.item())
                  )

    history['train_loss'].append(loss.item())

    correct = 0
    with torch.no_grad():
        for i, (images, labels) in enumerate (trainloader, 0):
            outputs = net(images)
            _, predicted = torch.max(outputs.data, 1)
            correct += (predicted == labels).sum().item()

    acc = float(correct / 50000)
    history['train_acc'].append(acc)

    correct = 0
    with torch.no_grad():
        for i, (images, labels) in enumerate
        (testloader, 0):
            outputs = net(images)
            _, predicted = torch.max(outputs.data, 1)
            correct += (predicted == labels).sum().item()

    acc = float(correct / 10000)
    history['test_acc'].append(acc)
print('Finished Training')
```

训练结束之后，将整个训练过程中模型的损失与预测精度可视化。

```
# 训练过程可视化
plt.plot(range(1, epoch+1), history['train_loss'])
plt.title('Training Loss [CIFAR10]')
plt.xlabel('epoch')
plt.ylabel('loss')
plt.savefig('cifar10_loss.png')
plt.close()

plt.plot(range(1, epoch + 1), history['train_acc'],
label='train_acc')
plt.plot(range(1, epoch + 1), history['test_acc'],
label='test_acc')
plt.title('Accuracies [CIFAR10]')
plt.xlabel('epoch')
plt.ylabel('accuracy')
plt.legend()
plt.savefig('cifar10_acc.png')
plt.close()
```

能够得到如下的两幅图：

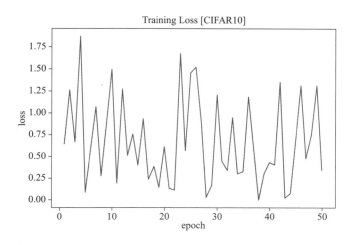

视觉感知：深度学习如何知图辨物

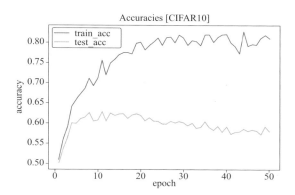

可以看出，训练过程中每一代的误差并没有明显的下降，对比训练集和测试集的正确率变化曲线，能够发现，在第 10 代以后，定义的卷积神经网络出现了过拟合的现象。

还可以从测试集中随机抽取几张图来查看模型预测结果：

```
# 保存网络模型
PATH = './cifar_net.pth'
torch.save(net.state_dict(), PATH)
# 随机抽查模型预测结果
nImages = 4
dataiter = iter(testloader)
images, labels = dataiter.next()
imshow(torchvision.utils.make_grid(images))
print('GroundTruth: ', ' '.join('%5s' % trainset.
classes[labels[j]] for j in range(nImages)))
# 读取保存的模型，执行分类预测
net = Net()
net.load_state_dict(torch.load(PATH))
outputs = net(images)
_, predicted = torch.max(outputs, 1)
print('Predicted: ', ' '.join('%5s' % trainset.classes
[predicted[j]] for j in range(nImages)))
```

结果显示了 4 张测试图片的正确分类和预测分类。

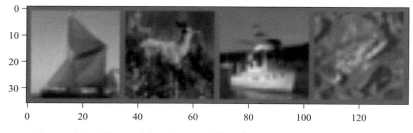

```
GroundTruth:   ship deer ship frog
Predicted:     ship deer ship deer
```

可以看到，前 3 张图的预测结果都是正确的，第 4 张图神经网络将青蛙误判为了鹿。最后，查看一下测试集中各分类的预测准确率。

```python
trainset.class_correct = list(0. for i in range(10))
trainset.class_total = list(0. for i in range(10))
with torch.no_grad():
    for data in testloader:
        images, labels = data
        outputs = net(images)
        _, predicted = torch.max(outputs, 1)
        c = (predicted == labels).squeeze()
        for i in range(4):
            label = labels[i]
            trainset.class_correct[label] += c[i].item()
            trainset.class_total[label] += 1
for i in range(10):
    print('Accuracy of %5s : %2d %%' %
          (trainset.classes[i], 100 * trainset.
class_correct[i] / class_total[i]))
```

结果显示：

```
Accuracy of airplane : 65 %
Accuracy of automobile : 77 %
Accuracy of  bird : 43 %
Accuracy of   cat : 43 %
Accuracy of  deer : 48 %
Accuracy of   dog : 45 %
Accuracy of  frog : 62 %
Accuracy of horse : 64 %
Accuracy of  ship : 62 %
Accuracy of truck : 66 %
```

整体来看准确率普遍不高，鸟、猫、鹿和狗的分类预测精度更是低于 50%。一方面是由于网络结构很简单，对图片特征表达能力不足；另一方面也是在训练过程中出现了过拟合现象，使得模型对测试集的泛化能力受到了影响。

5.4　ImageNet 与经典网络介绍

5.4.1　ImageNet 数据集

前文已经提及李飞飞在 2009 年计算机视觉国际顶级会议 CVPR 的一篇论文中推出了 ImageNet 数据集，并于次年推动并开展了 ILSVRC 大赛。大赛分为图像分类、目标定位、图像/视频目标检测、场景分类等赛道，为推动计算机视觉以及深度神经网络技术发展起到了重要作用。著名的 AlexNet（2012）、VGG（2014）、GoogleNet（2014）、ResNet（2015）等神经网络模型都诞生在该竞赛中。

从 ImageNet 的官网中可知，ImageNet 是根据 WordNet 中名词的层次结构组织构建的图像数据集（见前言二维码中网址 8）。WordNet 是由普林斯顿大学认知科学实验室建立和维护的由语义关系连接起来的英语词典，它根据词条的意义将单词进行分组，每一个具有相近含义的词条组称为一个 synset（取自 synonym set，同义词集）。词语间有着上位与下位的关系，比如"有机体"是"植物"的上位词，而"水生植物"是"植物"的下位词。

ImageNet 中沿袭了对 synset 的定义，目标是为每个名词的 synset 提供了约 1000 张图片，如图 5-13 所示。作为一个被持续完善的数据集，目前，ImageNet 拥有训练图片总数 14197122 张，分属于 21841 个小类别（对应不同的 synset），这 2 万余小类别又被整理至诸如动物（animal）、设备（device）、花（flower）等数十个大类之中。

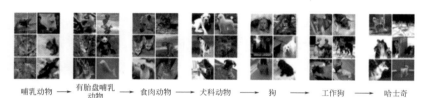

哺乳动物 ⟶ 有胎盘哺乳动物 ⟶ 食肉动物 ⟶ 犬科动物 ⟶ 狗 ⟶ 工作狗 ⟶ 哈士奇

图 5-13　ImageNet 数据集的哺乳动物子树（见前言二维码中网址 9）

这种层次结构使得数据集在计算机视觉任务中非常有用。如果模型对某个子类别不确定，它可以简单地对错误概率较小的图像进行分类。例如，如果模型不确定它看到的是不是一只"兔子"，它可以简单地将其归类为"哺乳动物"。

可以从官网（注册需要教育类邮箱）或者从 Kaggle 网站维护的 ILSVRC 大赛页面（见前言二维码中网址 10）获取比赛用数据集（ImageNet 的子集）。

5.4.2　经典卷积神经网络

（1）AlexNet

2012 年的 ILSVRC 大赛诞生了首个具备优异表现的大型深度卷积神经网络——AlexNet，它作为当年的冠军方案，在 Top 5 错误率方面低至 15.4%，领先同年第二名 10.9 个百分点，也超过前一年最优方案近 10 个百分点，震惊了当时的计算机视觉界，使得卷积神经网络 CNN 成为了科研界和产业界的焦点。该方案中提到的如数据增强和 Dropout 等手法直到今天仍然被广泛讨论和利用，方案论文 "*ImageNet Classification with Deep Convolutional Neural Networks*" 的引用数已经超七千多❶，是当今计算机视觉以及神经网络研究的入门必读材料之一。

如图 5-14 所示，AlexNet 由 5 层卷积层，3 层全连接层，共 8 层网络组成。整个网络结构中共有约 6000 万个参数和 65 万个神经元。

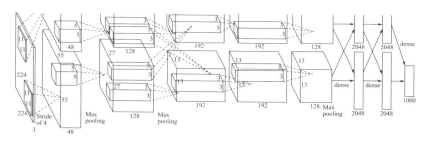

图 5-14　AlexNet 网络结构

（Stride: 步幅；Max pooling: 最大池化；Dense：稠密连接）

（2）VGG

VGG 由 Simonyan 和 Zisserman 提出，其名称来源于作者所属的研究室（Visual Geometry Group）。VGG 是一个系列模型，包括 VGG-11、VGG-13、VGG-16 和 VG G -19，2014 年在 ImageNet 竞赛中获目标分类赛道第二名，目标定位赛道第一名。2014 年的比赛中出现了数个"深度"神经网络，其中就有 VGG（19 层）和 GoogleNet（22 层），这在当时来看是在网络模型深度方面的一个突破。

❶ 数据来自 ACM 数字图书馆。

VGG 相比于 AlexNet 的主要贡献在于将之前的层级单位进行合理的组合，构建成由复数个具备相同输出通道数的层组成的基础模组（groups），统一了模组中的卷积窗口大小、步长和激活函数，用模组的拼接取代了逐层设计调试，极大优化了网络设计思路。以 VGG-16 为例，如图 5-15 所示，其由 5 个卷积模组和 3 个全连接层组成，基本结构和 AlexNet 相同，只是在卷积模组中对卷积层进行了层深上的扩充。

当然，VGG 网络也有它的不足之处，VGG-16 的参数总量达到了 138M，在具备高拟合能力的同时也牺牲了训练速度，增加了调参难度。同时，大模型也需要大空间去存储，给轻量级设备的部署带来了困难。

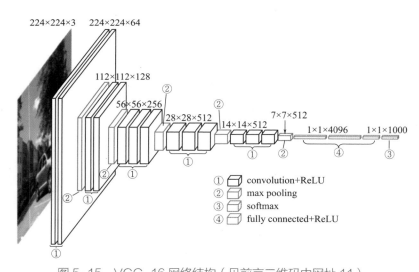

图 5-15　VGG-16 网络结构（见前言二维码中网址 11）

（convolution：卷积；ReLU：整流线性单元，一种激活函数；max pooling：最大池化；softmax：柔性最大传递函数；fully connected：全连接）

VGG 网络结构可以借由 PyTorch 直接调用。由于内容较多，这里不给出结果，感兴趣的读者可以输入以下代码查看。

```
from torchvision import models
import torch
vgg = models.vgg16()
print(vgg)     # 显示网络结构
```

（3）ResNet

2015 年，何凯明提出 ResNet，在当年的 ILSVRC 大赛中大放异彩，包揽了图像分类、目标定位、目标检测和图像分割四个赛道的冠军，其论文获得了计算机视觉顶级会议 CVPR2016 年的最佳论文奖 ❶。

ResNet 的最主要贡献在于其提出了残差块结构（residual block），如图 5-16 所示，使得网络模型的收敛性能得到提升，更是解决了神经网络中的退化问题（degrade problem）。

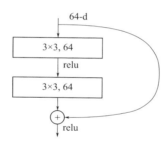

图 5-16　残差块结构

❶ He K, Zhang X, Ren S, et al. Deep Residual Learning for Image Recognition. 2016 IEEE Conference on Computer Vision and Pattern Recognition (CVPR), 2016.

第 6 章

OpenCV 基础

2005 年，在穿越莫哈维沙漠挑战赛上，人类历史上首次利用人工智能实现了自动驾驶汽车行驶 132 英里（1 英里 ≈ 1.609 公里），并赢得了两百万美元。那辆车名为斯坦利（Stanley），而它所使用的计算机视觉库，正是 OpenCV。

OpenCV 的全称是 open source computer vision library，是一个开源发行的跨平台计算机视觉库，由英特尔公司发起并参与开发，可以在商业和研究领域中免费使用。OpenCV 可用于开发实时的图像处理、计算机视觉以及模式识别程序。

2000 年 6 月，第一个开源版本 OpenCV alpha 3 发布。到今天，OpenCV 已经经过了 20 多年的打造，是目前最广泛使用的计算机视觉库，包含 2500 多个经过优化的算法。

OpenCV 也是学习计算机视觉需要接触的第一个人工智能算法库。本书中所应用的素材将通过 Jupyter Notebook 呈现，主要包括基本的图像和视频处理，之后将介绍 OpenCV 中一些经典的机器学习算法：物体检测、人脸识别和目标跟踪。最后，将利用深度学习模块来进行姿态估计。

首先介绍一下在 Jupyter Notebook 中运行代码的一些相关内容。Jupyter Notebook 可以非常方便和直接地显示中间结果，而且有一些非常友好的文档来展示代码。那么在使用 OpenCV 时，往往需要先导入一些必需的常用库（注意本书的第 6 章和第 7 章在运行程序前都应先导入这些库，后续才能够调用库中的函数）。

```
import cv2
import numpy as np
import matplotlib.pyplot as plt
%matplotlib inline
from IPython.display import Image
```

其中 cv2 可以通过 pip 方式进行安装，代码如下：

```
pip install opencv-python
```

当使用 Jupyter Notebook 时，Matplotlib 库对应的 "%matplotlib inline" 这行代码可以实现直接在页面上显示图片。

6.1 图像处理入门

本节首先介绍几个与图像处理相关的基本概念，例如如何读取、显示和储存图像？了解图像是如何通过数据来表示的？灰度图像和彩色图像之间有什么差异？彩色图像中的多个通道意味着什么？

接下来可以通过 Image 库来测试图片是否可以直接在页面上顺利地显示（注意分开运行两段代码），结果如图 6-1 所示。

```
# 显示一个 18×18 像素的黑白棋盘图像
Image(filename='checkerboard_18x18.png')

# 显示一个 84×84 像素的黑白棋盘图像
Image(filename='checkerboard_84x84.jpg')
```

```
1  # 显示一个18×18像素的黑白棋盘图像
2  Image(filename='checkerboard_18x18.png')
```

```
1  # 显示一个84×84像素的黑白棋盘图像
2  Image(filename='checkerboard_84x84.jpg')
```

图 6-1 显示黑白棋盘图像

如果可以显示如图 6-1 所示的结果，就说明 Image 库导入成功。从图 6-1 的结果可以明显看到在页面上分别显示了两张大小不同的图片，这也是 Jupyter Notebook 的优势之一。

通常使用 OpenCV 实际读取图像时，图像数据是以 NumPy 数组形式存储的，然后再使用 NumPy 进行图像的处理、保存或者显示。在这些情况下，以数据显示出的图像不一定能够真实还原其大小，而在 Jupyter Notebook 的页面上却可以实现。

6.1.1 读取、显示与保存图像

OpenCV 允许读取不同类型的图像（JPG、PNG 等），也可以加载灰度图像、彩色图像。读取所使用的是 cv2.imread() 函数。该函数有一个必要参数和一个可选参数：cv2.imread(filename [, flags])，其中 filename 是必要参数，表示一个绝对或相对路径；flags 是一个可选参数，用于读取特定格式的图像（例如灰度或者彩色），其默认值为 1，将图像加载为彩色图像，当值为 0 时，以灰度模式加载图像。

利用 cv2.imread( ) 函数读取之前较小的棋盘图像。

```
# 以灰度模式读取图像
cb_img = cv2.imread("checkerboard_18x18.png",0)

# Print 图像数据（像素值）：二维 Numpy 数组
print(cb_img)
```

运行之后通过 print() 函数可以看到代表该图像的数据，是一个如图 6-2 所示的 18 行 ×18 列的二维数组，意味着从 imread() 函数返回的是表示图像的 NumPy 二维数组。其中每个值都代表了这些像素的强度，注意它们的范围是 0 到 255。

```
[[  0   0   0   0   0   0   0 255 255 255 255 255 255   0   0   0   0   0   0]
 [  0   0   0   0   0   0   0 255 255 255 255 255 255   0   0   0   0   0   0]
 [  0   0   0   0   0   0   0 255 255 255 255 255 255   0   0   0   0   0   0]
 [  0   0   0   0   0   0   0 255 255 255 255 255 255   0   0   0   0   0   0]
 [  0   0   0   0   0   0   0 255 255 255 255 255 255   0   0   0   0   0   0]
 [  0   0   0   0   0   0   0 255 255 255 255 255 255   0   0   0   0   0   0]
 [255 255 255 255 255 255   0   0   0   0   0   0 255 255 255 255 255 255]
 [255 255 255 255 255 255   0   0   0   0   0   0 255 255 255 255 255 255]
 [255 255 255 255 255 255   0   0   0   0   0   0 255 255 255 255 255 255]
 [255 255 255 255 255 255   0   0   0   0   0   0 255 255 255 255 255 255]
 [255 255 255 255 255 255   0   0   0   0   0   0 255 255 255 255 255 255]
 [255 255 255 255 255 255   0   0   0   0   0   0 255 255 255 255 255 255]
 [  0   0   0   0   0   0   0 255 255 255 255 255 255   0   0   0   0   0   0]
 [  0   0   0   0   0   0   0 255 255 255 255 255 255   0   0   0   0   0   0]
 [  0   0   0   0   0   0   0 255 255 255 255 255 255   0   0   0   0   0   0]
 [  0   0   0   0   0   0   0 255 255 255 255 255 255   0   0   0   0   0   0]
 [  0   0   0   0   0   0   0 255 255 255 255 255 255   0   0   0   0   0   0]
 [  0   0   0   0   0   0   0 255 255 255 255 255 255   0   0   0   0   0   0]]
```

图 6-2　18×18 像素黑白棋盘图像对应的二维数组

接下来将介绍如何通过 Matplotlib 库的 imshow() 函数来显示图像：

```
# 显示图像
plt.imshow(cb_img)
```

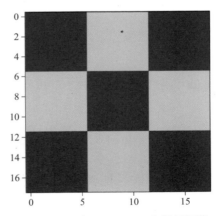

图 6-3　通过 plt.imshow() 显示图像

如果在 Jupyter Notebook 上运行可以得到如图 6-3 所示的图像，那么很容易发现相比于之前显示的 18×18 像素的图片，通过 plt. imshow() 显示的图像会明显略大一些。因为这是一个数学表示，可以看到横纵轴分别对应着 18 个单位，每个单位代表 1 像素，而并不是实际的 18×18 像素。而且还要注意的是，虽然之前读取的是灰度图像，但在这里显示的并不是预期的黑白图片，原因是 Matplotlib 库默认使用彩色图像来表示图像数据（即图像代表的二维数组），且 Matplotlib 库使用不同的颜色配置，导致此处并没有设置为灰度模式。

所以为了正确显示灰度图像，需要将模式设置为灰度来获得正确的颜色渲染。

```
# 设置为灰度模式来获得正确的颜色渲染
plt.imshow(cb_img, cmap='gray')
```

如上述代码所示，plt.imshow() 函数提供一个可选参数 cmap，当将其赋值为 "gray" 时，即设置为灰度模式，就得到了如图 6-4 所示的黑白图像。

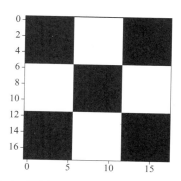

图 6-4　通过 plt.imshow() 显示灰度图像

在了解灰度图像之后，可以进一步来读取彩色图像，如图 6-5 所示。

```
# 读取并显示向日葵图片
Image("sunflowers.jpg")
```

图 6-5　读取高分辨率的向日葵图片

再进一步使用 cv2.imread() 来读取图像，这样可以将图像数据存储在矩阵中。需要注意的是，由于希望读取彩色图像，所以将 cv2.imread() 的可选参数 flags 指定为 1，进而会读取为彩色图像。再通过 plt.imshow() 来显示图像，如图 6-6 所示。

```
# 读取并显示向日葵图片
flower_img = cv2.imread("sunflowers.jpg",1)
plt.imshow(flower_img)
```

图 6-6　读取并显示向日葵图片

这样就显示出了如图 6-6 所示的图片，但很显然，原本的向日葵图片应如图 6-5 所示，而现在的向日葵显示的是蓝色。这是因为这张彩色图片拥有红色、绿色、蓝色三个通道，而 Matplotlib 库是以 RGB（红绿蓝）格式进行显示的，但在 OpenCV 进行读取时，实际上使用了一个不同的通道存储格式——BGR（蓝绿红）格式来存储图像。因此为了正确显示，需要将图像的通道反过来。

```
# 交换通道顺序
flower_img_channels_reversed = flower_img[:, :, ::-1]
plt.imshow(flower_img_channels_reversed)
```

图 6-7　读取并正确显示向日葵图片

将最后一个通道顺序交换之后，就得到了所预期的如图 6-7 所示的黄色向日葵图片，这也是在使用 OpenCV 过程中需要时刻注意的问题，要关注图像的通道顺序。

介绍完读取和显示图像之后，再介绍一个同样很重要也很常用的操作，就是保存图像。在 OpenCV 中提供了 cv2.imwrite() 函数，可以将图像保存到指定的文件中，该函数有两个必要参数：

cv2.imwrite(filename, img)，其中 filename 是文件名，可以是一个绝对路径或者相对路径；第二个参数 img 则是要保存的图像对象。

将上述显示的向日葵图片保存。

```
# 保存图像
cv2.imwrite("sunflowers_SAVED.png", flower_img)
```

运行之后就可以顺利地将如图 6-5 所示的向日葵图片以 "sunflowers_SAVED.png" 的文件名保存下来了。那么需要注意的是，保存下来的图像格式是根据文件名的扩展名来决定的，例如 "sunflowers_SAVED.png" 就是将图片保存为了 png 格式。

6.1.2 分割与合并颜色通道

上一节初步了解了颜色通道，现在对颜色通道进行分割与合并。在 OpenCV 中，split() 函数可以将一个多通道数组分割成几个单通道数组；而 merge() 函数可以将几个单通道数组合并成一个多通道数组（所有的输入矩阵必须有相同的大小）。所以可以通过这两个函数来实现颜色通道的分割和合并：

```
# 将图片分为 B、G、R 三部分
img_bgr = cv2.imread("soccer.jpg",1)
b,g,r = cv2.split(img_bgr)
# 按通道显示
plt.figure(figsize=[20,5])
plt.subplot(141);plt.imshow(r,cmap='gray');
plt.title("Red Channel");
plt.subplot(142);plt.imshow(g,cmap='gray');
plt.title("Green Channel");
plt.subplot(143);plt.imshow(b,cmap='gray');
plt.title("Blue Channel");
# 将各通道合并
```

```
imgMerged = cv2.merge((b,g,r))
# 显示合并后的 BGR 图像
plt.subplot(144);plt.imshow(imgMerged[:,:,::-1]);
plt.title("Merged Output");
```

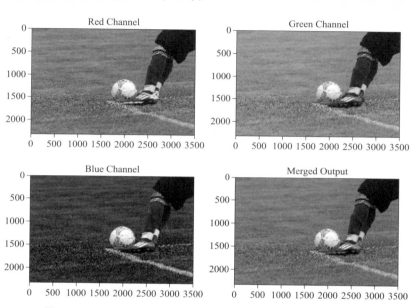

图 6-8　分割后的 RGB 三通道灰度图像和合并后的彩色图像

　　运行后就得到了如图 6-8 所示的分割后的 RGB 三通道图像和合并后的彩色图像。在一开始使用 cv2.imread() 读取时，同样为了显示彩色图像，将可选参数 flags 设置为 1。

　　需要说明的是，特地将变量名设置为 img_bgr，是为了提醒我们这是使用 OpenCV 库来读取图片，代表的通道顺序是 BGR。然后通过 cv2.split() 函数分割了通道，将三通道对应的二维 NumPy 数组数据分别赋值给 b、g、r，同样是因为 OpenCV 读取图像的通道顺序是 BGR。那么将三个数组分别以灰度图像显示出来，每个数组均表示像素强度。最后则是通过 cv2.merge() 函数将它们合并，显示出来就得到了和原始图像一样的彩色足球图片。

观察原始图片，其中背景主要都是绿色，红色和蓝色很少。所以对应到三个通道，可以看到绿色通道的背景像素很亮，而红色和蓝色通道的背景像素相对较暗，意味着没有太多红蓝色成分，所以像素对应的强度更接近于 0。而当关注球鞋时，从原始图片可以看出，球鞋上有明显偏红色的部分，对应到通道当中，可以发现球鞋上红色对应部分在红色通道很亮，而在蓝绿色通道就很暗，这是同样的道理，意味着该部分在红色通道中的像素强度更高，更接近于 255。

6.1.3 转换颜色空间

颜色空间是在某些标准下用通常可以接受的方式更方便直观地对色彩加以说明。本质上，颜色空间是坐标系统和子空间的说明，其中，位于系统中的每种颜色都由单个点来表示。[❶] 常用的颜色空间如表 6-1 所示。

表 6-1 常用颜色空间

颜色空间	简介
RGB	特定颜色由红色、绿色和蓝色的分量值表示，其工作方式与人类视觉类似，因此该色彩空间非常适合用于计算机显示图像图形
HSV	HSV 是 RGB 色彩空间的一种变形，特定颜色使用色相（hue）、饱和度（saturation）、明度（value）三个分量表示，也称 HSB（B 指 brightness）
HSI	也称 HSL（L 指 lightness），与 HSV 非常相似，区别在于其使用强度（intensity）替代了明度（brightness）
YCbCr	视频和数字摄影系统中频繁使用的一系列色彩空间，根据亮度分量（Y）和两个色度分量（Cb 和 Cr）表示颜色，在图像分割中非常流行

❶ Rafae C, Richard E. 数字图像处理 [M]. 第 4 版. 阮秋琦，阮智宇，译. 北京：电子工业出版社，2020: 45-95.

OpenCV 库提供了函数 cvtColor() 将图片从一个颜色空间转换到另一个。同样要注意，在从 RGB 颜色空间进行转换时，应该明确指定通道的顺序（RGB 或 BGR），因为 OpenCV 中实际上是 BGR。

cv2.cvtColor(src, code) 函数有两个必要参数，src 为输入的图像，code 则是颜色空间转换代码。

举个简单的例子，将 BGR 转换为 RGB。结果如图 6-9 所示。

```
img_rgb = cv2.cvtColor(img_bgr, cv2.COLOR_BGR2RGB)
plt.imshow(img_rgb)
```

图 6-9 通过 cv2.cvtColor() 将图片从 BGR 颜色空间转换到 RGB 颜色空间

运行后就可以很容易地得到和原始图像一样的彩色足球图片。输入给 cv2.cvtColor() 的第二个参数是 cv2.COLOR_BGR2RGB，就是向 OpenCV 表明为它提供了一个 BGR 颜色空间的图像，希望把它转换到 RGB 颜色空间。

也可以将图片转换到别的颜色空间，结果如图 6-10 所示。

```
img_hsv = cv2.cvtColor(img_bgr, cv2.COLOR_BGR2HSV)
# 将图片分为 H、S、V 三部分
h,s,v = cv2.split(img_hsv)
```

```
# 按通道显示
plt.figure(figsize=[20,5])
plt.subplot(141);plt.imshow(h,cmap='gray');
plt.title("H Channel");
plt.subplot(142);plt.imshow(s,cmap='gray');
plt.title("S Channel");
plt.subplot(143);plt.imshow(v,cmap='gray');
plt.title("V Channel");
plt.subplot(144);plt.imshow(img_rgb);
plt.title("Original");
```

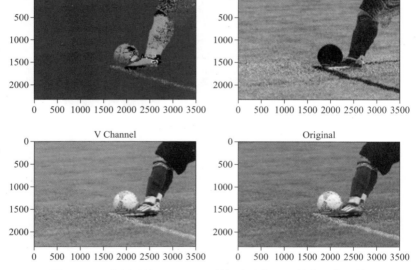

图 6-10　分割后的 HSV 三通道灰度图像和原始的彩色图像

　　上述代码中，输入给 cv2.cvtColor() 的第二个参数是 cv2.
COLOR_BGR2HSV，就是将 BGR 颜色空间的图像转换到 HSV 颜
色空间。接下来同样，可以使用之前介绍过的 cv2.split() 函数进行
拆分，以获得 H、S、V 分量。

　　视觉感知：深度学习如何知图辨物

还可以通过修改颜色空间的分量值来对图像进行调色，结果如图 6-11 所示。

```
h_new = h + 150
img_merged = cv2.merge((h_new,s,v))
img_rgb = cv2.cvtColor(img_merged, cv2.COLOR_HSV2RGB)
plt.imshow(img_rgb);
plt.title("Modified");
```

运行上述代码可以得到如图 6-11 所示的彩色图像。将 h 值增加了 150，并且将新的 h_new 值对应的 H 通道与 S 和 V 两通道通过 cv2.merge() 函数进行合并，再使用 cv2.cvtColor() 函数将图像从 HSV 颜色空间转换到 RGB 颜色空间，最后通过 plt.imshow() 函数显示出修改后的图像。因为改变了图片的色相，所以新图像与原始图像的色彩不同。

图 6-11 将 H 色相修改后的彩色图像

6.1.4 读取、显示与保存视频

视频是由一系列被称为帧的静态图像依据时间顺序或空间分布规律组合得到的图像集合。❶ 前面介绍过图像的读取、显示与

---

❶ Sébastien, LefèvreNicole, Vincent. Efficient and robust shot change detection. Journal of Real Time Image Processing, 2007.

保存，OpenCV 同样也支持将视频写入磁盘。下面将介绍如何使用 OpenCV 保存 avi 和 mp4 格式的视频。

首先读取视频。

```
source = './race_car.mp4'
cap = cv2.VideoCapture(source)

# 检查视频是否读取成功
if (cap.isOpened()== False):
    print("Error opening video stream or file")
```

从磁盘中指定名为 "race_car.mp4" 的赛车视频片段文件，然后通过 cv2.VideoCapture() 函数读取该视频，再通过条件判断语句简单地检查视频是否读取成功。接下来还可以使用 read() 函数来显示视频中的一帧，如图 6-12 所示。

```
ret, frame = cap.read()
plt.imshow(frame[...,::-1])
```

图 6-12　赛车视频片段的第一帧

运行上述代码后可以得到如图 6-12 所示的赛车视频片段的第一帧，因为所取的索引为 -1，再通过 plt.imshow() 显示出图像。

还可以在 Jupyter Notebook 中加载并播放视频（图 6-13）。

```
from IPython.display import HTML
HTML("""
<video width=1024 controls>
  <source src="race_car.mp4" type="video/mp4">
</video>
""")
```

图 6-13　可播放的赛车视频片段

接下来试着保存视频，但需要先创建一个 VideoWriter 对象。OpenCV 提供了 cv.VideoWriter() 函数，该函数 cv.VideoWriter (filename, fourcc, fps, frameSize) 有 4 个必要参数：

- filename：输出视频文件的名称。
- fourcc：用于压缩帧的编解码器的 4 个字符代码。例如，cv2.VideoWriter_fourcc('P', 'I', 'M', '1') 是 MPEG-1 编解码器，cv2.VideoWriter_fourcc('M', 'J', 'P', 'G') 是 motion-jpeg 编解码器等。
- fps：创建的视频流的帧速率。
- frameSize：视频帧的尺寸。

希望最终将视频保存为 avi 和 mp4 两个格式，故需要创建两个 VideoWriter 对象。

```
# 获得帧的默认分辨率
# 将分辨率从浮点数转换为整数
frame_width = int(cap.get(3))
frame_height = int(cap.get(4))

# 定义编解码器并创建 VideoWriter 对象
out_avi = cv2.VideoWriter('race_car_out.avi',cv2.
VideoWriter_fourcc('M', 'J', 'P', 'G'), 10,
(frame_width,frame_height))

out_mp4 = cv2.VideoWriter('race_car_out.mp4',cv2.
VideoWriter_fourcc(*'XVID'), 10, (frame_width,
frame_height))
```

上述代码的第一行代表着首先通过 cap.get() 函数来获取视频帧的尺寸，然后通过 cv2.VideoWriter() 函数来创建 VideoWriter 对象。那么 avi 格式对应的编解码器为 cv2.VideoWriter_fourcc('M', 'J', 'P', 'G')，mp4 格式对应的编解码器为 cv2.VideoWriter_fourcc(*'XVID')，最后再匹配上获取到的视频帧的尺寸。接下来需要通过循环语句从视频中逐帧读取，并将其写入上一步创建的两个对象中。

```
# 读取直至遍历整个视频
while(cap.isOpened()):
  # 逐帧读取
  ret, frame = cap.read()

  if ret == True:
    # 将帧写入输出文件
    out_avi.write(frame)
    out_mp4.write(frame)
```

```
# 跳出循环
else:
    break
```

上述代码中创建了一个 while 循环，从而逐帧读取视频文件，并将帧写入创建好的 out_avi 和 out_mp4 两个 VideoWriter 对象中。在这一步完成之后，应该释放这些对象以完成视频的保存。

```
cap.release()
out_avi.release()
out_mp4.release()
```

运行上述代码后，就可以在根目录中找到保存好的 avi 格式赛车视频片段 race_car_out.avi 和 mp4 格式赛车视频片段 race_car_out.mp4。

6.2 图像基本变换

在了解了图像处理的一些基本内容后，本节将介绍图像变换的一些基本操作，包括操作图像像素以及一些常用的如裁剪、翻转、调整大小等图像变换操作。OpenCV 也提供了相应的函数。

6.2.1 操作单个像素

尝试操作图片中的单个像素。为了能够更直观地展现结果，仍使用黑白棋盘图像，如图 6-14 所示。

```
# 以灰度模式读取 18×18 像素黑白棋盘图像
cb_img = cv2.imread("checkerboard_18x18.png",0)

# 设置为灰度模式来获得正确的颜色渲染
plt.imshow(cb_img, cmap='gray')
print(cb_img)
```

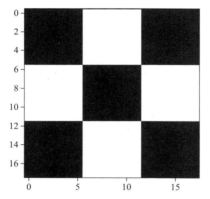

```
[[  0   0   0   0   0   0 255 255 255 255 255 255   0   0   0   0   0   0]
 [  0   0   0   0   0   0 255 255 255 255 255 255   0   0   0   0   0   0]
 [  0   0   0   0   0   0 255 255 255 255 255 255   0   0   0   0   0   0]
 [  0   0   0   0   0   0 255 255 255 255 255 255   0   0   0   0   0   0]
 [  0   0   0   0   0   0 255 255 255 255 255 255   0   0   0   0   0   0]
 [  0   0   0   0   0   0 255 255 255 255 255 255   0   0   0   0   0   0]
 [255 255 255 255 255 255   0   0   0   0   0   0 255 255 255 255 255 255]
 [255 255 255 255 255 255   0   0   0   0   0   0 255 255 255 255 255 255]
 [255 255 255 255 255 255   0   0   0   0   0   0 255 255 255 255 255 255]
 [255 255 255 255 255 255   0   0   0   0   0   0 255 255 255 255 255 255]
 [255 255 255 255 255 255   0   0   0   0   0   0 255 255 255 255 255 255]
 [255 255 255 255 255 255   0   0   0   0   0   0 255 255 255 255 255 255]
 [  0   0   0   0   0   0 255 255 255 255 255 255   0   0   0   0   0   0]
 [  0   0   0   0   0   0 255 255 255 255 255 255   0   0   0   0   0   0]
 [  0   0   0   0   0   0 255 255 255 255 255 255   0   0   0   0   0   0]
 [  0   0   0   0   0   0 255 255 255 255 255 255   0   0   0   0   0   0]
 [  0   0   0   0   0   0 255 255 255 255 255 255   0   0   0   0   0   0]
 [  0   0   0   0   0   0 255 255 255 255 255 255   0   0   0   0   0   0]]
```

图 6-14　18×18 像素黑白棋盘图像及其对应的二维数组

通过之前介绍过的 cv2.imread() 和 plt.imshow() 函数可以顺利地显示出黑白棋盘图像。如图 6-14 所示，该图像宽 18 像素，高 18 像素，对应的数组也是 18×18。操作图像中的单个像素，比如返回左上角黑色方块中第 1 个像素对应的强度值，以及第 1 行白色方块中第 1 个像素对应的强度值。

```
# 左上角黑色方块中第 1 个像素对应的强度值
print(cb_img[0,0])
# 第 1 行白色方块中第 1 个像素对应的强度值
print(cb_img[0,6])
```

运行结果为 0，255，对应到图 6-14 所示的数组中可以验证，左上角黑色方块中第 1 个像素对应的强度值是 0，第 1 行白色方块中第 1 个像素对应的强度值是 255。为了返回 NumPy 数组中的任何像素，必须使用矩阵符号，如 matrix[r,c]，其中 r 是行数，c 是列数。还要注意的是，矩阵中的起始位是以 0 进行索引的（而不是 1），想要返回第 1 个像素，就需要指定矩阵 [0,0]，所以 cb_img[0,0] 就对应左上角黑色方块中的第 1 个像素，同样 cb_img[0,6] 就对应第 1 行白色方块中第 1 个像素，也就是第 1 行的第 7 个像素。

也可以用上述的方式修改像素的强度值，如图 6-15 所示。

```
cb_img_copy = cb_img.copy()
cb_img_copy[2,2] = 200
cb_img_copy[2,3] = 200
cb_img_copy[3,2] = 200
cb_img_copy[3,3] = 200

plt.imshow(cb_img_copy, cmap='gray')
print(cb_img_copy)
```

运行代码后可以得到如图 6-15 所示的修改后的棋盘图像及其对应的二维数组。第 1 行代码是将原始棋盘图像复制了一份副本，这样可以修改副本并且保留原始图像以便参考，预先备份图像也是进行图像处理的一项必备操作。接下来对四个像素点进行了强度值的修改，分别是 cb_img_copy[2,2]、cb_img_copy[2,3]、cb_img_copy[3,2]、cb_img_copy[3,3]，对应的分别是第 3 行第 3 列、第 3 行第 4 列、第 4 行第 3 列以及第 4 行第 4 列四个像素点，将其强度值均设置为 200，从矩阵中也可以看出，四个对应像素点的强度值均为 200，在图像中则是左上角黑色方块的中心显示成了浅灰色。

```
[[  0   0   0   0   0   0 255 255 255 255 255 255   0   0   0   0   0   0]
 [  0   0   0   0   0   0 255 255 255 255 255 255   0   0   0   0   0   0]
 [  0   0 200 200   0   0 255 255 255 255 255 255   0   0   0   0   0   0]
 [  0   0 200 200   0   0 255 255 255 255 255 255   0   0   0   0   0   0]
 [  0   0   0   0   0   0 255 255 255 255 255 255   0   0   0   0   0   0]
 [  0   0   0   0   0   0 255 255 255 255 255 255   0   0   0   0   0   0]
 [255 255 255 255 255 255   0   0   0   0   0   0 255 255 255 255 255 255]
 [255 255 255 255 255 255   0   0   0   0   0   0 255 255 255 255 255 255]
 [255 255 255 255 255 255   0   0   0   0   0   0 255 255 255 255 255 255]
 [255 255 255 255 255 255   0   0   0   0   0   0 255 255 255 255 255 255]
 [255 255 255 255 255 255   0   0   0   0   0   0 255 255 255 255 255 255]
 [255 255 255 255 255 255   0   0   0   0   0   0 255 255 255 255 255 255]
 [  0   0   0   0   0   0 255 255 255 255 255 255   0   0   0   0   0   0]
 [  0   0   0   0   0   0 255 255 255 255 255 255   0   0   0   0   0   0]
 [  0   0   0   0   0   0 255 255 255 255 255 255   0   0   0   0   0   0]
 [  0   0   0   0   0   0 255 255 255 255 255 255   0   0   0   0   0   0]
 [  0   0   0   0   0   0 255 255 255 255 255 255   0   0   0   0   0   0]
 [  0   0   0   0   0   0 255 255 255 255 255 255   0   0   0   0   0   0]]
```

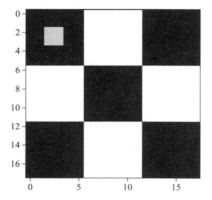

图 6-15　修改后的棋盘图像及其对应的二维数组

6.2.2　裁剪图像

　　裁剪图像实际上是通过选择图像的一个特定区域实现的，之所以将这部分内容放在像素操作之后，是因为它们有类似之处——都涉及数组的索引，即需要通过行和列进行定位。首先读取图片，结果如图 6-16 所示。

```
img_bgr = cv2.imread("flag.jpg",cv2.IMREAD_COLOR)
img_rgb = img_bgr[:,:,::-1]
plt.imshow(img_rgb)
```

图 6-16　足球场角旗图片

　　运行代码后可以得到如图 6-16 所示的足球场角旗图片。仍然希望读取彩色图像，和之前介绍的一样，OpenCV 会默认存储为 BGR 格式，所以要通过交换颜色通道来转换为 RGB 格式，再通过 Matplotlib 库显示图像。现在希望裁剪包括角旗在内的附近区域，那么从图 6-16 所示的坐标轴上不难看出，旗面所在的区域大致是 200 和 400 像素行之间，600 和 800 像素列之间。就可以根据对应的行列来裁剪图像，结果如图 6-17 所示。

```
cropped_region = img_rgb[200:400, 600:800]
plt.imshow(cropped_region)
```

　　运行代码后就可以得到如图 6-17 所示的裁剪后的角旗图片，就是索引到原始数组的第 200 行到第 400 行、第 600 列到第 800 列，然后将这些值重新赋值给代表裁剪区域的新变量 cropped_region，再通过 plt.show() 函数就可以显示出裁剪后的图像。因此裁剪是一个非常简单且直接的操作，简单来说就是通过数组的索引取出图像对应行列所在的区域。

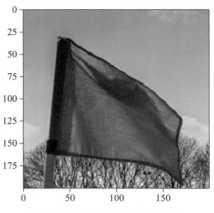

图 6-17　裁剪后的角旗图片

6.2.3　调整图像大小

OpenCV 提 供 了 resize() 函 数 将 图 像 调 整 到 指 定 的 大 小。
resize(src, dsize[, dst[, fx[, fy[, interpolation]]]]) 函数有两个必要参
数：src 表示输入的图像，dsize 则表示输出图像的大小。经常使用
的可选参数包括 fx、fy 和 interpolation，其中 fx 表示沿水平轴
的比例因子，fy 表示沿纵轴的比例因子，interpolation 则被称
为插值。

OpenCV 提供的五种插值方法如表 6-2 所示。

表 6-2　OpenCV 插值方法

插值方法	原理
cv2.INTER_NEAREST	最近邻插值
cv2.INTER_LINEAR	双线性插值
cv2.INTER_AREA	使用像素面积关系重采样
cv2.INTER_CUBIC	基于 4×4 像素邻域的双线性 3 次插值
cv2.INTER_LANCZOS4	Lanczos 重采样

　视觉感知：深度学习如何知图辨物

现在通过 fx 和 fy 两个比例因子来指定缩放系数，例如将刚刚裁剪的角旗图片放大至原来的 4 倍，结果如图 6-18 所示。

```
resized_cropped_region_2x = cv2.resize(cropped_region,
None, fx=2, fy=2, interpolation = cv2.INTER_AREA)
plt.imshow(resized_cropped_region_2x)
```

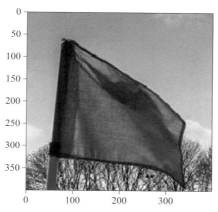

图 6-18　放大后的角旗图片

运行代码后可以得到如图 6-18 所示的放大后的角旗图片，与图 6-17 进行对比，图 6-18 对应的横纵坐标轴长度均是图 6-17 的 2 倍，因此可以得出，图片被放大至原来的 4 倍。

为了更为直观，实际展示一下调整后的图片，如图 6-19 所示。

```
resized_cropped_region_2x =
resized_cropped_region_2x[:,:,::-1]
cv2.imwrite("resized_cropped_region_2x.png",
resized_cropped_region_2x)
Image(filename='resized_cropped_region_2x.png')
```

运行代码后可以得到如图 6-19 所示的调整后角旗图片的实际大小。同样需要先转换通道，然后通过 cv2.imwrite() 函数保存放

图 6-19　调整后角旗图片的实际大小

大后的图像，再通过 Image 库展现图像的实际大小。

再来对比一下实际大小下裁剪后的角旗图片，如图 6-20 所示。

```
cropped_region1= cropped_region[:,:,::-1]
cv2.imwrite("cropped_region.png", cropped_region1)
Image(filename='cropped_region.png')
```

图 6-20　裁剪后未调整大小的角旗图片实际大小

对裁剪后得到的角旗图片执行相同的操作，得到如图 6-20 所示的实际大小，对比图 6-19 可以明显看出，调整前图片的大小只有调整后的四分之一。

再尝试用另一种方法来调整图像大小，即指定输出图像的精确尺寸，结果如图 6-21 所示。

```
desired_width = 100
desired_height = 200
resized_cropped_region = cv2.resize(cropped_region, dsize =
(desired_width, desired_height), interpolation=
cv2.INTER_AREA)
plt.imshow(resized_cropped_region)
```

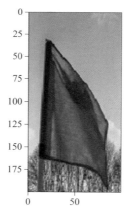

图 6-21　调整大小后的角旗图片

运行代码后可以得到如图 6-21 所示的角旗图片，这种方法需要指定调整后图像的宽度和高度，所以前两行代码将图像的宽和高分别设置成了 100 和 200 像素。然后通过 cv2.resize() 来调整大小，并使用 plt.imshow() 显示调整大小后的裁剪区域。从图 6-21 的坐标轴可见，得到的正是宽 100 和高 200 像素的图像。不过图像已经扭曲，是因为没有保持图像原本的纵横比。

为了解决这个问题，再介绍一种方法，即在指定宽或高的情况下，还能保持纵横比来调整图像大小，结果如图 6-22 所示。

```
desired_width = 100
aspect_ratio = desired_width / cropped_region.shape[1]
desired_height = int(cropped_region.shape[0] * aspect_ratio)
dim = (desired_width, desired_height)

resized_cropped_region = cv2.resize(cropped_region,
dsize=dim, interpolation=cv2.INTER_AREA)
plt.imshow(resized_cropped_region)
```

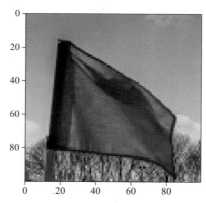

图 6-22　保持纵横比调整大小后的角旗图片

运行代码后可以得到如图 6-22 所示的保持纵横比调整大小后的角旗图片。仍然是先指定了调整后的宽度为 100 像素，然后计算在保持纵横比条件下所需的高度。所以首先计算出纵横比并保存在 aspect_ratio 这个变量中，然后得出调整后的高度，再将宽高作为变量加入 cv2.resize() 函数中以调整图像大小，进而通过 plt.imshow() 显示出图像。

6.2.4　翻转图像

OpenCV 的 flip() 函数提供了三种不同的翻转图像的方式。cv2.flip(src, flipCode) 函数有两个必要参数：src 表示输入图像；

　视觉感知：深度学习如何知图辨物

flipCode 则是指定如何翻转的标志，0 表示围绕水平轴翻转，正值（例如 1）表示围绕纵轴翻转，负值（例如 -1）表示围绕两个轴翻转。将原始足球场角旗图片进行翻转，结果如图 6-23 所示。

```python
img_rgb_flipped_horz = cv2.flip(img_rgb, 1)
img_rgb_flipped_vert = cv2.flip(img_rgb, 0)
img_rgb_flipped_both = cv2.flip(img_rgb, -1)


plt.figure(figsize=[18,5])
plt.subplot(141);plt.imshow(img_rgb_flipped_horz);
plt.title("Horizontal Flip");
plt.subplot(142);plt.imshow(img_rgb_flipped_vert);
plt.title("Vertical Flip");
plt.subplot(143);plt.imshow(img_rgb_flipped_both);
plt.title("Both Flipped");
plt.subplot(144);plt.imshow(img_rgb);
plt.title("Original");
```

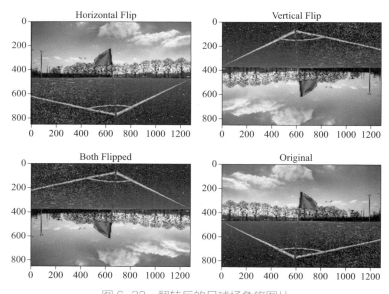

图 6-23　翻转后的足球场角旗图片

运行代码后可以得到如图 6-23 所示的三种翻转后的足球场角旗图片。给 cv2.flip() 函数传入了原始图像，且三次调用对应了三种翻转方式。第一个是水平翻转，第二个是垂直翻转，第三个是双轴翻转，最后是原始图片。

6.3 为图像添加注释

本节将介绍使用 OpenCV 对图像进行注释，主要包括画线、绘制圆、绘制矩形以及添加文本。在为输出结果做注解，或者是更能突出重点地去演示结果，以及在一些特殊项目的开发和调试过程中，注释都显得很有必要。还需要注意的一点是，本节讨论的是为图像添加注释，同样也适用于视频帧（因为视频就是由连续的画面组成），后续的章节中会涉及。

首先显示一下本节需要添加注释的图片，如图 6-24 所示。

```
image = cv2.imread("bodybuilding.jpg", cv2.IMREAD_COLOR)
plt.imshow(image[:,:,::-1])
```

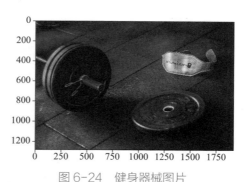

图 6-24 健身器械图片

同样，通过 cv2.imread() 和 plt.imshow() 函数经过转换通道后显示出如图 6-24 所示的彩色健身器械图片。

6.3.1 为图像添加线段

OpenCV 提供了 line() 函数。cv2.line(img, pt1, pt2, color[, thickness [, lineType]]) 函数有 4 个必要参数：img 表示被绘制线段的图像；pt1 表示线段的起始点坐标；pt2 表示线段的终点坐标；color 表示线段的颜色。其余还包括几个可选参数，其中 thickness 表示线的宽度，默认值为 1；lineType 表示线条的类型，通常情况下，绘制线段使用 cv2.LINE_AA（抗锯齿或平滑线）。现在用 cv2.line() 函数来为图像添加线段，结果如图 6-25 所示。

```
imageLine = image.copy()
cv2.line(imageLine, (1000, 600), (1750, 600), (0, 255,
255), thickness=5, lineType=cv2.LINE_AA).
plt.imshow(imageLine[:,:,:-1])
```

图 6-25　为图像添加线段

运行代码后得到如图 6-25 所示的图像，可以看到图中绘制的一条黄色线段。第一行代码先复制得到原始图像的副本，在不破坏原始图像的情况下对副本进行注释。根据 cv2.line() 函数所需的参数，这条线是从 (1000,600) 开始，在 (1750,600) 结束的；线条颜色选择了黄色，此处需注意，OpenCV 使用的是 BGR 格式，所

以黄色对应的是 (0, 255, 255) ; 线条的宽度设置为 5 像素; 线条类型则设置为 cv2.LINE_AA, 这会使线条看起来非常光滑。

6.3.2　为图像添加圆

OpenCV 提 供 了 circle() 函 数。cv2.circle(img, center, radius, color[, thickness[, lineType]]) 函数有 4 个必要参数: img 表示被绘制圆的图像; center 表示圆心的坐标; radius 表示圆的半径; color 表示将要绘制的圆的线条颜色。其余还包括两个可选参数, 其中 thickness 表示圆形轮廓的宽度 (如果是正值), 如果为这个参数提供一个负值, 将得到一个填充的圆; lineType 表示圆形轮廓的类型, 该参数与 cv2.line() 函数中的 lineType 参数完全相同。用 cv2. circle() 函数为图像添加圆, 结果如图 6-26 所示。

```
imageCircle = image.copy()
cv2.circle(imageCircle, (500,600), 200, (0, 0, 255),
thickness=5, lineType=cv2.LINE_AA);
plt.imshow(imageCircle[:,:,::-1])
```

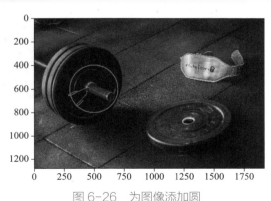

图 6-26　为图像添加圆

运行代码后得到如图 6-26 所示的图像, 显然可以看到图中绘制的圆。第一行代码同样是复制得到副本, 根据 cv2.circle() 函数所需的参数，圆心坐标设置为 (500,600)；半径设置为 200 像素；线条颜色选择 (0, 0, 255)，BGR 格式下对应红色；圆形轮廓的宽度设置为 5 像素；线条类型设置为 cv2.LINE_AA。

6.3.3　为图像添加矩形

OpenCV 提 供 了 rectangle() 函 数。cv2.rectangle(img, pt1, pt2, color[, thickness[, lineType]]) 函数有 4 个必要参数：img 表示被绘制矩形的图像；pt1 表示矩形的左上角顶点坐标；pt2 表示与 pt1 相对的顶点坐标，即矩形的右下角顶点；color 表示矩形的线条颜色。其余还包括两个可选参数，其中 thickness 表示矩形轮廓的宽度（如果是正值），如果为这个参数提供了一个负值，将得到一个填充的矩形；lineType 表示矩形轮廓的类型，该参数与 cv2.line() 函数中的 lineType 参数完全相同。用 cv2.rectangle() 函数为图像添加矩形，结果如图 6-27 所示。

```
imageRectangle = image.copy()
cv2.rectangle(imageRectangle, (1150,200), (1800,600),
(255, 0, 255), thickness=5, lineType=cv2.LINE_AA);
plt.imshow(imageRectangle[:,:,::-1])
```

图 6-27　为图像添加矩形

运行代码后得到如图 6-27 所示的图像，可以看到图中绘制的矩形。第一行代码同样是复制得到副本，根据 cv2.rectangle() 函数所需的参数，矩形左上角顶点的坐标设置为 (1150,200)；矩形右下角顶点的坐标设置为 (1800, 600)；线条颜色选择 (255, 0, 255)；矩形轮廓的宽度设置为 5 像素，线条类型则设置为 cv2.LINE_AA。

6.3.4　为图像添加文本

本节最后，使用 cv2.putText() 函数在图像上写一些文字。cv2.putText(img, text, org, fontFace, fontScale, color[, thickness[, lineType]]) 函数有 6 个必要参数：img 表示要写入文本的图像；text 表示要写入的文本字符串；org 表示图片中文本的左下角坐标；fontFace 表示字体类型；fontScale 表示字体比例系数（用于调整文本大小）；color 表示字体颜色。其余还包括两个可选参数，其中 thickness 表示文本的线条粗细，默认值为 1；lineType 表示文本线条的类型，该参数与 cv2.line() 函数中的 lineType 参数完全相同。用 cv2.putText() 函数来为图像添加文本。

```
imageText = image.copy()
text = "NO PAIN, NO GAIN"
fontScale = 5
fontFace = cv2.FONT_HERSHEY_PLAIN
fontColor = (255, 255, 255)
fontThickness = 5

cv2.putText(imageText, text, (1000, 650), fontFace,
fontScale, fontColor, fontThickness, cv2.LINE_AA);
plt.imshow(imageText[:,:,::-1])
```

运行代码后得到如图 6-28 所示的图像，显然可以看到图中

图 6-28　为图像添加文本

有添加的文本：NO PAIN, NO GAIN。第一行代码同样是复制得到副本，根据 cv2.putText() 函数所需的参数，text 设置为添加的文本字符串；frontScale 设置为 5；frontFace 设置为 cv2.FONT_HERSHEY_PLAIN；文本颜色选择了 (255, 255, 255)；文本线条粗细设置为 5 像素；org 对应的文本的左下角坐标设置为 (1000,650)；线条类型则设置为 cv2.LINE_AA。

6.4　图像增强

本节将主要介绍如何进行图像增强，以及一些常用的图像预处理函数，包括图像的算术运算、图像阈值、图像掩模以及图像的位操作。同时，还介绍了几个不同的应用实例，以更直观地感受这些技术如何应用于实践。

6.4.1　调整图像亮度

调整图像的亮度，首先读取彩色图像。

```
img_bgr = cv2.imread("Lake.jpg",cv2.IMREAD_COLOR)
```

```
img_rgb = cv2.cvtColor(img_bgr, cv2.COLOR_BGR2RGB)
Image(filename='Lake.jpg')
```

图 6-29　湖景图片

通过 cv2.imread() 函数读取彩色图片，然后通过 cv2.cvtColor()
函数将图像从 BGR 格式转换为 RGB 格式，显示出如图 6-29 所示
的彩色湖景图片。接下来通过图像的简单加法来增加或减少图像
的亮度，结果如图 6-30 所示。

```
matrix = np.ones(img_rgb.shape, dtype = "uint8") * 50
img_rgb_brighter = cv2.add(img_rgb, matrix)
img_rgb_darker  = cv2.subtract(img_rgb, matrix)

plt.figure(figsize=[18,5])
plt.subplot(131); plt.imshow(img_rgb_darker);
plt.title("Darker");
plt.subplot(132); plt.imshow(img_rgb);
plt.title("Original");
plt.subplot(133); plt.imshow(img_rgb_brighter);
plt.title("Brighter");
```

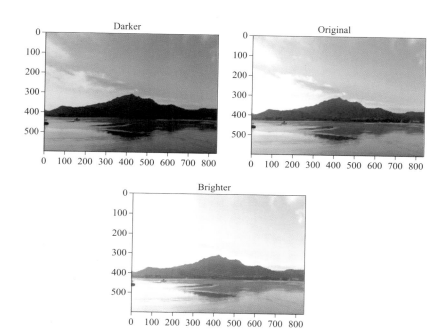

图 6-30　调整亮度后的湖景图片从左到右，亮度增加

　　第一行代码是创建矩阵，通过 NumPy 库创建了一个与原始图像大小相同且像素强度为 50 的矩阵，覆盖了图像中的所有像素。再使用 cv2.add() 和 cv2.subtract() 函数分别将原始图像加减上述矩阵，最后通过 plt.imshow() 函数就可以显示出如图 6-30 所示的调整亮度后的湖景图片。因为是以相同的数量增加或减少了每个像素的强度值，所以这将导致图像整体的亮度增加或者减少。

6.4.2　调整图像对比度

　　上小节通过加法使图像亮度发生了变化，也可以通过乘法改变图像的对比度。对比度是指图像中各像素强度值的差异，所以需要运用乘法运算，结果如图 6-31 所示。

```
matrix1 = np.ones(img_rgb.shape) * 0.8
matrix2 = np.ones(img_rgb.shape) * 1.2

img_rgb_darker  = np.uint8(cv2.multiply(np.float64(
img_rgb), matrix1))
img_rgb_brighter = np.uint8(cv2.multiply(np.float64(
img_rgb), matrix2))

plt.figure(figsize=[18,5])
plt.subplot(131); plt.imshow(img_rgb_darker);
plt.title("Lower Contrast");
plt.subplot(132); plt.imshow(img_rgb);
plt.title("Original");
plt.subplot(133); plt.imshow(img_rgb_brighter);
plt.title("Higher Contrast");
```

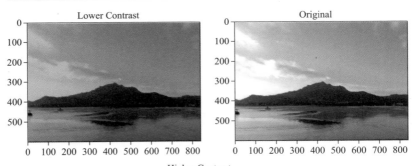

图 6-31　调整对比度后的湖景图片（从左到右，对比度增加）

上述代码中，先创建了两个矩阵，每一个都使用 NumPy 库创建与原始图像大小相同的矩阵，且分别将两个矩阵乘以因子，第一个因子是 0.8，第二个因子是 1.2，所以这两个矩阵就包含按比例缩放的浮点值。在接下来的两行中，将这两个矩阵分别乘以原始图像，但需要注意的是，由于上面创建的两个矩阵包含浮点值，所以为了将它们乘以整型值的原始图像，需要先将图像对应的矩阵转换为浮点值，再通过 cv2.multiply() 函数进行乘法，最后通过 plt.imshow() 函数就可以显示出如图 6-31 所示的调整对比度后的湖景图片。

可以看到原始图像在中间，左侧是对比度较低的图像，右侧是对比度较高的图像。但能注意到，右侧的图片中存在很奇怪的颜色编码，看起来像出错了。这是因为当因子是 1.2 的矩阵时，会导致原始图像中有的像素值强度大于 255，即出现了溢出问题。对应原始图像，看起来像出错的部分几乎都是本就十分明亮的偏白色部分，意味着原始强度值接近 255，所以当乘以 1.2 时，强度值就超过了 255，进而转换并显示时，就只以超过 255 的值显示（即减去 255），所以强度值就会相对较低，看起来就会很暗。可以通过 NumPy 库的 np.clip() 函数来解决这个问题，结果如图 6-32 所示。

```
img_rgb_lower     = np.uint8(cv2.multiply(np.float64(img_
rgb), matrix1))
img_rgb_higher    = np.uint8(np.clip(cv2.multiply(np.
float64(img_rgb), matrix2),0,255))


plt.figure(figsize=[18,5])
plt.subplot(131); plt.imshow(img_rgb_lower);
plt.title("Lower Contrast");
plt.subplot(132); plt.imshow(img_rgb);
```

```
plt.title("Original");
plt.subplot(133); plt.imshow(img_rgb_higher);
plt.title("Higher Contrast");
```

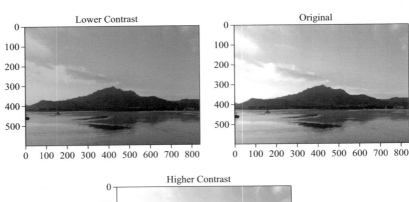

图 6-32　使用 np.clip() 函数调整后的湖景图片
（左侧对比度减少，右侧对比度增加）

　　NumPy 库的 np.clip() 函数可以将值裁剪到 0 到 255 的范围，即将大于 255 的值直接以 255 来保留。运行代码后就可以得到如图 6-32 所示的使用 np.clip() 函数调整后的湖景图片，现在看起来右侧对比度增加后的湖景图片就变得正常，但实际上该图的左侧部分已经完全饱和了，所以有些值等于 255，是纯白色的亮点。

第 **7** 章

OpenCV 实战应用

前面的章节已经学习了很多计算机视觉领域的基础知识，对于 OpenCV 的熟悉程度也处在了一个相当不错的水平，本章将通过 OpenCV 进行一些更贴近实际的应用，将使用一些经典的机器学习算法解决实际问题。

先导入一些在第 6 章开始就提到过的必需库，但除了这些常用库外，为了能够调用一些机器学习算法，还需要安装 opencv-contrib 模块，同样可以利用 Python 提供的 pip 安装，但需要注意的是，要安装的 opencv-contrib 模块需要与已经安装的 OpenCV 库的版本匹配一致。可以通过 cmd 命令 pip list 找到 OpenCV 库的版本，即左侧 Package 列下名为 opencv-python 对应的右侧 Version 列下的版本号数字，然后将该数字添加到 pip 命令安装 opencv-contrib 模块之后即可。

```
pip install opencv-contrib-python==4.1.1.26 # 替换为对应
OpenCV 库的版本号
```

等待安装成功后就可以进入 OpenCV 的实战应用。

7.1　目标跟踪

首先介绍的是目标跟踪，需要先了解一下什么是跟踪。简单来说，目标跟踪就是在视频中随时间定位移动对象的过程，尽管存在物体运动、视角变化、光线变化等其他变化。在计算机视觉领域中，目标跟踪则通常是指在视频帧中估计所感兴趣对象的位置，然后预测该对象在后续视频帧中位于某个未来时间点的位置。目标跟踪在计算机视觉中有着广泛的应用，例如监控、人机交互、医学成像、交通流量监控等，以及一些分析足球比赛的体育分析软件。

通过之前介绍过的如图 7-1 所示的赛车视频进行目标跟踪，先确定感兴趣的需要跟踪的对象就是目前图片中跑在最前面的赛车。

图 7-1　赛车视频前期帧

7.1.1　目标跟踪算法

为了启动跟踪，需要向算法指定感兴趣的要追踪物体的初始位置。在开始通过代码运用算法之前，可以先来看看 OpenCV 中提供的可用的 8 个不同的跟踪算法，包括：BOOSTING、MIL、KCF、CSRT、TLD（善于从遮挡中恢复）、MEDIANFLOW（适合于缓慢移动）、GOTURN（基于深度学习，准确率最高）、MOSSE（速度最快），在这里不详细展开讨论，但值得注意的是，取决于具体实际应用场景，每个算法所展现的优势不尽相同，有些更为准确，有些更快，有些对遮挡表现得更为鲁棒，可以去尝试这些不同的算法。

GOTURN 模型是上述算法中唯一一个基于深度学习的，也是目前相对来说应用最为广泛，准确率最高的算法。简单介绍一下 GOTURN 模型的实现框架，如论文 ❶ 中如图 7-2 所示的跟踪网络结构，GOTURN 是将上一帧的目标和当前帧的搜索区域进行裁剪，并同时经过 CNN 与全连接层，以用于回归当前帧目标的位置。

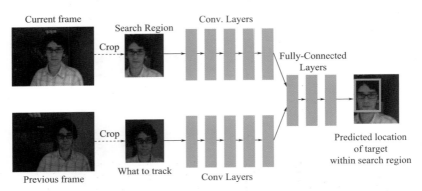

图 7-2　GOTURN 模型论文中 Fig.2. 跟踪网络结构

（Current frame: 当前帧；Previous frame：前一帧；Crop：裁剪；Search Region: 搜索范围；Conv. Layers：卷积层；Fully-Connected Layers：全连接层；Predicted location of target within search region：在搜索范围中预测到的目标位置）

7.1.2　创建跟踪器实例

在具体应用跟踪器之前，再整体观察一下要追踪赛车目标的视频，前期赛车是以相对较为恒定的外观以近似匀速运动逐渐驶近（图 7-1），但随着镜头的平移，会看到汽车的宽边部分开始显露出来，且外观明显开始变大（图 7-3），然后开始驶离镜头，显露车尾部分而藏匿车头部分，且再次变得越来越小（图 7-4），这些变化都会对跟踪算法造成一些挑战。

---

❶ Held D, Thrun S, Savarese S. Learning to Track at 100 FPS with Deep Regression Networks. ECCV, 2016.

图 7-3　赛车视频中期帧

图 7-4　赛车视频后期帧

　　在了解完整任务背景后，可以开始编写代码，首先需要导入一些必需的库，进而再为后续处理预写一些函数。

```
import cv2
import sys
import os
import matplotlib.pyplot as plt
```

```
from matplotlib.animation import FuncAnimation
from IPython.display import HTML
import urllib

video_input_file_name = "race_car.mp4"

def drawRectangle(frame, bbox):
    p1 = (int(bbox[0]), int(bbox[1]))
    p2 = (int(bbox[0] + bbox[2]), int(bbox[1] + bbox[3]))
    cv2.rectangle(frame, p1, p2, (255,0,0), 2, 1)

def displayRectangle(frame, bbox):
    plt.figure(figsize=(20,10))
    frameCopy = frame.copy()
    drawRectangle(frameCopy, bbox)
    frameCopy = cv2.cvtColor(frameCopy, cv2.COLOR_RGB2BGR)
    plt.imshow(frameCopy); plt.axis('off')

def drawText(frame, txt, location, color = (50,170,50)):
    cv2.putText(frame, txt, location,
        cv2.FONT_HERSHEY_SIMPLEX, 1, color, 3)
```

上述代码中，首先导入了一些模块，然后指明了赛车视频的文件名，进而定义了三个方便后续操作的功能：drawRectangle() 便于绘制边界框；displayRectangle() 是输出带有绘制的边界框的视频帧；drawText() 则是在输出的视频帧上注释一些文字。

下面演示使用较为广泛的 GOTURN 模型。由于 GOTURN 模型是上述提到过的模型中唯一一个基于深度学习的，所以需要先下载相应的数据集。

```
if not os.path.isfile('goturn.prototxt') or not os.path.
isfile('goturn.caffemodel'):
```

```
print("Downloading GOTURN model zip file")
urllib.request.urlretrieve(
'https://www.dropbox.com/sh/77frbrkmf9ojfm6/
AACgY7-wSfj-LIyYcOgUSZ0Ua?dl=1', 'GOTURN.zip')

!tar -xvf GOTURN.zip
os.remove('GOTURN.zip')
```

接下来就可以创建跟踪器的实例进行目标跟踪。

```
tracker_types = ['BOOSTING', 'MIL','KCF', 'CSRT',
'TLD', 'MEDIANFLOW', 'GOTURN','MOSSE']

tracker_type = tracker_types[2]

if tracker_type == 'BOOSTING':
    tracker = cv2.legacy_TrackerBoosting.create()
eliftracker_type == 'MIL':
    tracker = cv2.TrackerMIL_create()
eliftracker_type == 'KCF':
    tracker = cv2.TrackerKCF_create()
eliftracker_type == 'CSRT':
    tracker = cv2.legacy_TrackerCSRT.create()
eliftracker_type == 'TLD':
    tracker = cv2.legacy_TrackerTLD.create()
eliftracker_type == 'MEDIANFLOW':
    tracker = cv2.legacy_TrackerMedianFlow.create()
eliftracker_type == 'GOTURN':
    tracker = cv2.TrackerGOTURN_create()
else:
    tracker = cv2.legacy_TrackerMOSSE.create()
```

上述代码中为了便于测试多个跟踪器，首先定义了一个列表，其中只是包含了跟踪器的字符串名称，这样就可以根据列表索引来选择想使用的跟踪器。将 tracker_types 的索引设置为 2，即对应列表中的 KCF 模型（注意列表的起始索引为 0），再根据下面的条件判断语句，就可以调用 cv2.TrackerKCF_create() 函数创建 KCF 模型的跟踪器对象。

接下来，读取输入的视频并创建输出视频的 VideoWriter 对象。

```
# 读取视频
video = cv2.VideoCapture(video_input_file_name)
ok, frame = video.read()

# 如果视频未正常打开，则退出
if not video.isOpened():
    print("Could not open video")
    sys.exit()
else :
    width = int(video.get(cv2.CAP_PROP_FRAME_WIDTH))
    height = int(video.get(cv2.CAP_PROP_FRAME_HEIGHT))

video_output_file_name = 'race_car-' + tracker_type +
'.mp4'
video_out = cv2.VideoWriter(video_output_file_name,
cv2.VideoWriter_fourcc(*'avc1'), 10, (width, height))
```

在这段代码中，通过 cv2.VideoCapture() 函数读取视频，并使用 read() 函数读取该视频文件中的帧，再通过条件判断语句简单地检查视频是否读取成功。接下来创建了一个视频输出对象以写入跟踪算法的结果。

为了启动跟踪，需要向算法指定物体的初始位置，然后跟踪算法使用此信息初始化，进而跟踪对象。故需要绘制边界框来指定位置，这样也可以使随后的视频在每个新视频帧中均产生边界框，如图 7-5 所示。

```
# 定义边界框
bbox = (1300, 405, 160, 120)
#bbox = cv2.selectROI(frame, False)
#print(bbox)
displayRectangle(frame,bbox)
```

图 7-5　使用边界框框住感兴趣的跟踪对象

在这段代码中，首先定义了一个边界框框住感兴趣的需要追踪的对象。这里是手动指定了边界框的左上角和右下角，但实际上也可以使用目标检测算法（见 7.2 节）来检测感兴趣的对象，以进行跟踪。

接下来准备初始化跟踪器，为了启动跟踪，需要向算法指定感兴趣的要追踪物体的初始位置。所以在视频的第一帧，就可以通过刚刚手动定义过的边界框来初始化跟踪器，之后就可以逐帧读取并进行跟踪。

通过绘制有边界框的视频首帧来初始化跟踪器

```
ok = tracker.init(frame, bbox)
```

```
# 开始跟踪
while True:
    ok, frame = video.read()
    if not ok:
        break

timer = cv2.getTickCount()
ok, bbox = tracker.update(frame)

    # 计算帧率 (FPS)
    fps = cv2.getTickFrequency() / (cv2.getTickCount()
- timer);

    # 绘制边界框
    if ok:
        drawRectangle(frame, bbox)
    else :
        drawText(frame, "Tracking failure detected",
(80,140), (0, 0, 255))
    # 显示注释信息
    drawText(frame, tracker_type + " Tracker", (80,60))
    drawText(frame, "FPS : " + str(int(fps)), (80,100))

    # 将帧写入视频
    video_out.write(frame)

video.release()
video_out.release()
```

　　上述代码在初始化跟踪器后，通过一个循环来处理所有帧。进入循环后，首先读取下一帧，然后将带有边界框的帧传递给跟踪器更新功能 update()，接下来如果从更新中检索到边界框与跟踪对象，那就继续绘制一个边界框到当前帧上；如果没有检测到，那就注释跟踪失败。同时还注释了使用的跟踪器模型以及帧率，最后将该帧写入输出视频对象中，至此就是循环内部。循环需要遍历视频中的每一帧，并调用跟踪器更新函数，然后注释帧并写入输出视频对象。遍历完成之后，释放视频对象就可以得到保存的跟踪视频。

根据上述代码，先选用的是 KCF 跟踪器，由于是以视频形式保存的，所以重播视频就可以显示跟踪结果。如图 7-6 所示为 KCF 跟踪器对赛车视频片段前期跟踪结果。

图 7-6　KCF 跟踪器对赛车视频片段前期跟踪结果

从图 7-6 所示的 KCF 跟踪器对赛车视频片段前期跟踪结果来看，KCF 跟踪器的效果较好，虽然略有些偏离中心，但一直保持着对赛车主体的跟踪。如图 7-7 所示为 KCF 跟踪器对赛车视频片段后期跟踪结果。

当赛车转弯逐渐驶离镜头时，如图 7-7 所示的 KCF 跟踪器对赛车视频片段后期跟踪结果，边界框消失了，表示着 KCF 跟踪器丢失了目标。将跟踪器更换为之前介绍过的 GOTURN 模型来对比一下效果，如图 7-8 所示为 GOTURN 跟踪器对赛车视频片段前期跟踪结果。

图 7-7　KCF 跟踪器对赛车视频片段后期跟踪结果

图 7-8　GOTURN 跟踪器对赛车视频片段前期跟踪结果

从图 7-8 所示的 GOTURN 跟踪器对赛车视频片段前期跟踪结果来看，深度神经网络让跟踪边界框更好地保持在了赛车的中心。如图 7-9 所示为 GOTURN 跟踪器对赛车视频片段后期跟踪结果。

当赛车转弯驶离镜头时，如图 7-9 所示的 GOTURN 跟踪器对赛车视频片段后期跟踪结果，边界框仍然存在，且仍将赛车框在边界框的中心。相比于 KCF 模型，GOTURN 模型显然在整个视

GOTURN Tracker
FPS : 26

▶ 0:20 / 0:20

图 7-9　GOTURN 跟踪器对赛车视频片段后期跟踪结果

频时长内都基本保持赛车位于边界框的中心，故 GOTURN 模型
表现更胜一筹。对于别的视频也可以尝试其他的算法来验证跟踪
效果。

7.2　目标检测

在上一节内容中提到过目标检测，顾名思义，目标检测就是
对数字图像和视频中的某一类（如人类、建筑物或汽车）语义对象
进行检测，并分类显示出对象所对应的语义。目标检测在计算机
视觉的许多领域都有应用，包括图像检索和视频监控，对应到实
际场景中就包括道路物体检测、车辆计数等，还用于和目标跟踪
相结合的任务，例如在足球比赛中跟踪球或跟踪视频中的人（包
括运动员、裁判、观众等）。

7.2.1　SSD 目标检测算法

在本小节中，将介绍如何进行基于深度学习的目标检测，特
别是将使用通过 TensorFlow 训练的 SSD(Single Shot MultiBox

Detector)检测器，该模型属于一次性分类器，因此它的速度很快，准确率也相对较高，SSD 的关键特征之一是它还能够预测不同大小的目标。

在通过 OpenCV 读取模型之前，首先需要从 TensorFlow Model ZOO 中下载模型文件，在这里使用的是 ssd_mobilenet_v2_coco_2018 模型（见前言二维码中网址 12），解压后需要运行文件中的脚本以获取 ssd_mobilenet_v2_coco_2018_03_29.pbtxt 配置文件，以及用于存放数据集对应分类标签的 coco_class_labels.txt，并提取出 frozen_inference_graph.pb。

7.2.2　目标检测实例

在提取出运行 SSD 模型进行目标检测所需的文件后，就可以通过一些图片实例进行目标检测。先梳理大致流程：需要加载模型，然后输入图像，再通过前向网络进行传递，最后显示检测到的具有边界框以及对应分类标签的目标对象。

首先就需要输入 SSD 模型对应的配置文件。

```
modelFile =
"ssd_mobilenet_v2_coco_2018_03_29/frozen_inference_graph.pb"
configFile = "ssd_mobilenet_v2_coco_2018_03_29.pbtxt"
classFile = "coco_class_labels.txt"


# 读取 TensorFlow 网络
net = cv2.dnn.readNetFromTensorflow(modelFile, configFile)
# 读取分类标签
with open(classFile)as fp:
labels=fp·read().split("\n")
```

---

❶ Liu W. SSD: Single Shot MultiBox Detector. ECCV, 2016.

接下来开始检测实例，首先可以定义一个便于进行目标检测的函数。

```
def detect_objects(net, im):
    dim = 300

    # 从图像中创建 blob 对象
    blob = cv2.dnn.blobFromImage(im, 1.0, size=(dim,
dim), mean=(0,0,0), swapRB=True, crop=False)

    # 将 blob 传递至网络
    net.setInput(blob)

    # 进行预测
    objects = net.forward()
return objects
```

上述代码中需要特殊说明的是 cv2.dnn.blobFromImage() 函数，该函数实现的是对检测图像进行预处理的过程，其中 im 表示要输入的待检测图像；第 2 个参数是一个比例因子，设置为 1 即表示训练集不需要进行特殊的缩放操作；接下来是指明训练图像的尺寸，此处已经将 dim 设置为 300，故代表着图像需要重塑为 (300,300) 的尺寸；下一个参数 mean 对应一些向量操作，这里并不需要，故均设置为 0；倒数第 2 个参数 swapRB 表示是否要交换红色和蓝色通道，由于之前提到过的 OpenCV 的颜色通道习惯与训练图像本身不同，故需要进行转换，将其设置为 True；最后一个参数代表图像只是被调整尺寸，而不是被进行裁剪。该函数会返回一个该图像对应的已经经过预处理的 blob 对象。

之后将 blob 对象传递到网络中，然后检测图像，再将被检测到的目标作为这个函数的返回值返回。为了更方便地显示检测出的目标的类别，还可以定义显示目标标签的函数。

```
def display_text(im, text, x, y):

    # 文本尺寸
    textSize = cv2.getTextSize(text, FONTFACE,
FONT_SCALE, THICKNESS)
    dim = textSize[0]
    baseline = textSize[1]

    # 使用文本尺寸创建一个黑色的矩形
    cv2.rectangle(im, (x,y-dim[1] - baseline), (x +
dim[0], y + baseline), (0,0,0), cv2.FILLED);

# 在矩形内显示文本
cv2.putText(im, text, (x, y-5 ), FONTFACE, FONT_SCALE,
(0, 255, 255), THICKNESS, cv2.LINE_AA)
```

上述函数包含了 4 个参数，包含待检测的图像：需要显示的文本以及显示的起始坐标位置。创建了黑色的矩形，并在矩形内显示待检测图像中目标对应的分类标签文本。接下来就可以再定义函数来显示检测出的目标。

```
FONTFACE = cv2.FONT_HERSHEY_SIMPLEX
FONT_SCALE = 0.7
THICKNESS = 1

def display_objects(im, objects, threshold = 0.25):

    rows = im.shape[0]; cols = im.shape[1]

    # 对于每一个检测到的目标
    for i in range(objects.shape[2]):
        # 找到对应类别和置信度
```

```
classId = int(objects[0, 0, i, 1])
score = float(objects[0, 0, i, 2])

# 恢复原始坐标
x = int(objects[0, 0, i, 3] * cols)
y = int(objects[0, 0, i, 4] * rows)
w = int(objects[0, 0, i, 5] * cols - x)
h = int(objects[0, 0, i, 6] * rows - y)

# 检查检测的质量
if score > threshold:
    display_text(im, "{}".format(labels[classId]),
    x, y)
    cv2.rectangle(im, (x, y), (x + w, y + h),
    (255, 255, 255), 2)

# 将图像转换成 RGB
mp_img = cv2.cvtColor(im, cv2.COLOR_BGR2RGB)
plt.figure(figsize=(30,10)); plt.imshow(mp_img);
plt.show();
```

上述代码中定义了函数进行检测目标的显示，display_objects() 函数包含三个参数，分别是输入的待检测图像、检测目标以及用于判断是否检测成功的阈值 (设置默认值为 0.25)。该函数中首先获取输入的待检测图像尺寸，然后遍历所有检测到的目标对象，通过网络来检索它们对应的类别 id 以及检测的分数。接下来进一步去检索目标对象对应边界框的坐标，并将这些坐标转换为原始检测图像中的坐标，如果目标的检测分数大于在函数参数中设置的阈值，就将通过之前定义的 display_text() 函数来显示目标对应的分类标签，并且用白色矩形绘制出边界框。

现在就可以调用定义好的函数来检测一些图像实例，首先看一个运动场景。

```
im = cv2.imread('images/baseball.jpg')
objects = detect_objects(net, im)
display_objects(im, objects)
```

将图片存放在了名为 images 的文件夹中，首先通过 cv2.imread() 函数读取待检测图像，然后通过定义的 detect_objests() 函数通过网络进行目标检测，最后通过定义好的 display_objects() 函数显示检测结果。

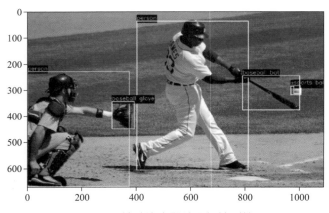

图 7-10　棒球比赛图片目标检测结果

输入一张棒球比赛图片作为待检测的实例，从如图 7-10 所示的棒球比赛图片目标检测结果来看，两名姿态不同的运动员，以及他们对应的运动装备——棒球手套、棒球棍都被很好地识别了出来。然而，棒球虽然被成功地识别了出来，但算法检测的结果是有两个棒球，而图片右侧实际上只有一个棒球，这意味着模型在检测过程中也会存在着一些误差。

接下来更换待检测实例为如图 7-11 所示的街道路口图片，通过一个更为复杂的场景来尝试同时进行更多目标的检测。

　视觉感知：深度学习如何知图辨物

```
im = cv2.imread('images/street.jpg')
objects = detect_objects(net, im)
display_objects(im, objects, 0.3)
# display_objects(im, objects)
```

图 7-11　街道路口图片

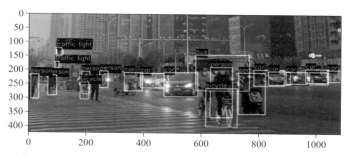

图 7-12　街道路口图片目标检测结果（阈值设置为 0.3）

　　为了更好地理解如图 7-12 所示的目标检测结果，可以对比未检测的原图，会发现在结果图中，绝大多数的行人、车辆、交通信号灯都被成功地识别并分类，尤其是被遮挡了很大一部分的公交车，以及图片最右侧在护栏后被遮挡住车头反向行驶的汽车，这都说明了 SSD 目标检测算法强大的鲁棒性以及涵盖类别标签的多样性。但在上述代码中实际上只对目标检测函数进行了小的变动，只是将输入的阈值设置为了 0.3，再对比定义目标检测函数时默认阈值 0.25 下的目标检测结果（图 7-13）。

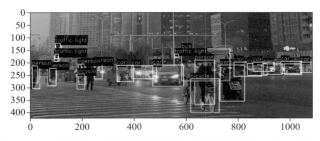

图 7-13　街道路口图片目标检测结果（默认阈值，即 0.25）

可以将注意力放在图 7-13 正中央的 "traffic light" 上，对比图 7-12 可以知道，此处实际上应是公交巴士的指示灯，而算法却将其检测为了交通信号灯，可以通过调高阈值来减少结果中检测错误的情况，因为在定义目标检测函数时，设置置信度大于阈值才会标注检测结果，阈值提高之后结果中自然就只会保留置信度更高的结果。

再检测一个实例，如图 7-14 和图 7-15 所示。

```python
im = cv2.imread('images/high-wheel-bicycle.jpg')
objects = detect_objects(net, im)
display_objects(im, objects, 0.35)
# display_objects(im, objects)
```

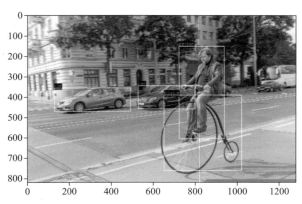

图 7-14　"高轮"自行车目标检测结果（阈值设置为 0.35）

视觉感知：深度学习如何知图辨物

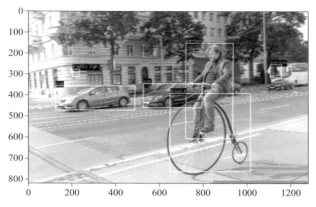

图 7-15 "高轮"自行车目标检测结果（默认阈值，即 0.25）

如图 7-14 所示，该场景包含一个非常规的"高轮"自行车，而算法再次展现了其强大的鲁棒性，同样成功地将其检测并识别为了自行车。但也很容易发现，该图片的背景较为模糊，所以当采用默认阈值 0.25 时，就会出现图 7-15 左侧将交通标志牌识别为交通信号灯的情况，这时同样可以通过调高阈值来保留置信度更高的目标检测结果。

7.3 图像分割

图像分割同样是一项应用性极强的技术，它可以跨行业地改变我们的生活甚至拯救生命。当我们试图过马路时，尤其是没有红绿灯的小路口，我们做的第一件事是什么？通常会左顾右盼，盘点路上行驶的车辆，然后做出决定。这时，大脑能够在几毫秒内分析出什么样的车辆（汽车、公共巴士、卡车等）正在驶来。现在可以通过计算机模型来检测物体，确定它们的形状，这也是自动驾驶背后的强大技术。而图像分割就是可以检测图像中的边缘和轮廓的技术，它描述了将图像分割成多个部分的过程。通常，进行图像分割的目标是识别和提取图像中的特定形状。

7.3.1 图像分割介绍

上节介绍的目标检测也同样能够定位目标并且框选出目标的位置，这和图像分割有何不同呢？如图 7-16 所示。

(a) 目标检测　　　　　　　　　　(b) 图像分割

图 7-16　目标检测与图像分割的差别（图片来源见前言二维码中网址 13）

如图 7-16 所示，目标检测只是建立了与图像中的每个类对应的边界框，但并不能告诉我们目标的具体形状，只得到一组边界框的坐标。而图像分割是将图像分为多个较小的像素组，这样图像中的每个像素都会具有分配给它的特定标签，具有相同标签的像素自然具有相似的特征，包括颜色、纹理或者强度，这样分割后的输出将会是多个区域。所以图像分割技术可以让我们对图像中的目标有更细粒度的理解，但为什么需要这么深入呢？用更为简单的边界框坐标不够解决问题吗？可以来看看图像分割在医疗中的应用实例。

长期以来，癌症一直是一种致命的疾病，尽快检测癌细胞可能会挽救数百万人的生命。癌细胞的形状在确定癌症的严重程度方面起着至关重要的作用，但目标检测在这种情况下就只会生成并不能识别细胞形状的边界框，所以图像分割技术可以通过更精细的方式获得更有意义的结果。除此之外，图像分割也还有更多的应用领域：视频监控、交通控制、卫星成像等。

7.3.2 通过 Mask R-CNN 进行图像分割

可以使用不同类型的技术进行图像分割，比如基于区域、基于聚类或者是边缘检测。本小节介绍一种相对来说较为先进的框架——Mask R-CNN，它由 Facebook AI Research (FAIR) 的数据科学家和研究人员创建。该框架简单、灵活且通用，缺点是训练时间较长，因此在这里我们不训练自己的 Mask R-CNN 模型，而是采用在 COCO 数据集上训练的 Mask R-CNN 模型（见前言二维码中网址 14）。接下来就可以进行图像分割，如图 7-17 所示。

```
# 读取图像
image = cv2.imread('sample.jpg')
# 进行分割
results = model.detect([image], verbose=1)
# 可视化结果
r = results[0]
visualize.display_instances(image, r['rois'], r['masks'],
r['class_ids'], class_names, r['scores'])
```

图 7-17 汽车与自行车图像分割结果

首先通过 cv2.imread() 函数读取图像，然后通过模型中包含的 detect() 函数进行图像分割，绘制可视化结果。如图 7-17 所示，Mask R-CNN 模型非常完美地分割出了图像中的汽车和自行车。接下来也可以分别查看分割出的每个目标，结果如图 7-18 所示。

```
mask = r['masks']
mask = mask.astype(int)

for i in range(mask.shape[2]):
    temp = skimage.io.imread('sample.jpg')
    for j in range(temp.shape[2]):
        temp[:,:,j] = temp[:,:,j] * mask[:,:,i]
    plt.figure(figsize=(8,8))
    plt.imshow(temp)
```

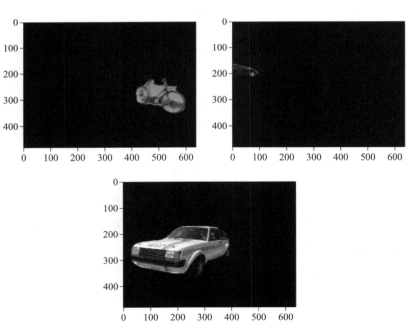

图 7-18　获取图像分割结果中的每个目标

先获取模型分割后的所有目标，并将它们储存在掩模变量中，此时 mask.shape 中的第三个值就表示由模型分割出的目标的数量。然后创建了一个 for 循环，并将每个掩模与原始图像相乘，就可以获取到分割出的每个目标。如图 7-18 所示，分别得到了图 7-17 中自行车与两辆汽车在原始图像中的状态。接下来再展示一个更为复杂的场景来体现 Mask R-CNN 的鲁棒性，如图 7-19 所示。

图 7-19　包含更多目标的图像分割结果

如图 7-19 所示，该场景下所涵盖的目标种类更多，且相互遮挡覆盖的情况更为多样，但 MaskR-CNN 仍然成功分割出了绝大多数的目标。

7.4　人脸识别

人脸识别一直被认为是图像处理领域最有前途的应用之一。顾名思义，人脸识别就是指识别数字图像或视频场景中的人脸，它也广泛应用于日常生活中，比如智能手机面部解锁、情感分析等。人脸识别的第一步，也是不可或缺的一步就是人脸检测。实际上在数字图像中进行人脸检测很复杂，因为人脸存在着诸多差异，例如姿势、表情、方向、肤色、眼镜或面部毛发等，都会为人脸检测带来难度。

近年来，在人脸识别和人脸检测领域也有许多学者做了很多研究，为了使其更加先进和准确，提出的人脸检测模型也运用着不同类型的方法，大致可分为基于知识、基于特征、模板匹配等。其中由 Paul Viola 和 Michael Jones 提出的 Viola-Jones 人脸检测技术 ❶（也称为 Haar Cascades 模型）在人脸识别领域掀起了一场革命，即能够以高精度实时检测人脸。该模型是一种基于特征的机器学习级联分类器，OpenCV 也提供了极其便于调用 Haar 级联分类器的方法。

7.4.1 人脸检测实例

通过 OpenCV 来调用 Haar 级联分类器，对一张含有小女孩的图片进行人脸检测，如图 7-20 所示。

```python
img = cv2.imread("girl_0.jpg")
RGB_img = cv2.cvtColor(img, cv2.COLOR_BGR2RGB)
plt.imshow(RGB_img)
```

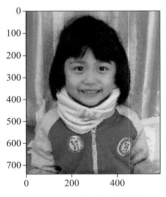

图 7-20　小女孩图片

---

❶ Viola P A , Jones M J. Rapid Object Detection Using A Boosted Cascade of Simple Features. Computer Vision and Pattern Recognition, 2001.

运行代码后就可以得到如图 7-20 所示的小女孩图片。首先通过 cv2.imread() 函数读取待检测的图片，同样由于 OpenCV 默认的通道格式为 BGR，所以为了正确显示图片的原始颜色，需要通过 cv2.cvtColor() 函数来将图片转换至 RGB 格式，然后通过 plt.imshow() 显示图像。接下来还需要再将图片转化为灰度模式，以便于加快模型的检测速度，如图 7-21 所示。

```
GR_img = cv2.imread(r"girl_0.jpg", 0)
plt.imshow(GR_img, cmap ="gray")
```

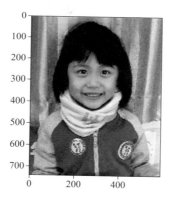

图 7-21　灰度模式下的小女孩图片

在得到可用于模型进行检测的灰度图像后，还需要简单配置用于人脸检测的 Haar 分类器，用于人脸检测的对象是 "haarcascades_frontalface_default.xml"，将其导入并存储在名为 fd 的变量中。

```
fd = cv2.CascadeClassifier(cv2.data.haarcascades +
'haarcascade_frontalface_default.xml')
```

配置好模型之后就可以开始进行人脸检测，结果如图 7-22 所示。

```
fr = fd.detectMultiScale(GR_img, scaleFactor = 1.1,
minNeighbors = 5, minSize=(30,30))
face_img = RGB_img.copy()
for (x,y,width,height) in fr:
    cv2.rectangle(face_img, (x,y), (x + width,
y + height), (0,0,255), 20)
plt.imshow(face_img)
```

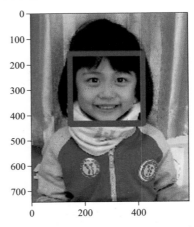

图 7-22　检测出小女孩脸部的图片

运行上述代码后可以得到如图 7-22 所示的检测出小女孩脸部的图片。通过 detectMultiScale() 函数实现了人脸识别，该函数中最常用的有 4 个参数：image 表示待检测图片，一般为灰度图像；scaleFactor 表示在前后两次相继的扫描中，搜索窗口的比例系数（默认为 1.1，即每次搜索窗口依次扩大 10%）；minNeighbors 表示构成检测目标的相邻矩形的最小个数（默认为 3 个）；minSize 则用来限制所得目标区域的范围。

接下来为了保留原始图像，通过 copy() 函数进行了备份。之后创建了 for 循环来获取 detectMultiScale() 函数返回的每个目标的人脸起始坐标以及宽高，以便绘制边界框。在 for 循环里，可以通过 cv2.rectangle() 函数在备份后的图像中绘制边界框，框选住识别出的人脸，最后通过 plt.imshow() 显示人脸检测结果。可以看到 Haar 分类器成功地检测出了小女孩的脸部并正确框选出了脸部的位置。

实际上，Haar 分类器也可以同时检测图片中的多个人脸，可以尝试检测一个更为复杂的场景，如图 7-23 所示。

图 7-23　检测出多人脸部的图片

运行 Haar 分类器可以得到如图 7-23 所示的检测出多人脸部的图片，可以看到 Haar 分类器成功地检测出了多人的脸部，还包括图片右侧只露了侧脸的女士。但同时也误检出了实际上并不是人脸的部分，比如图片左侧男士的领带。那么这时候就可以通过调整 detectMultiScale() 函数里的参数来改变检测结果，比如可以将比例因子 scaleFactor 改为 1.22，如图 7-24 所示。

再次运行后就会得到如图 7-24 所示的调整参数后的检测出多人脸部的图片，发现误检的情况就不再存在。

还可以进一步分析，比如将检测到的人脸裁剪下来以便于运用到其他计算机视觉任务当中，结果如图 7-25 所示。

图 7-24 调整参数后的检测出多人脸部的图片

```
ims=[]
for (x,y,width,height) in fr:
    crop = face_img[y:y+height,x:x+width]
    ims.append(crop)
plt.imshow(ims[0])
```

运行上述代码可以得到如图 7-25 所示的裁剪出的脸部图片。先创建一个用于储存每个裁剪出的人脸图片的空列表，然后使用 for 循环获取 detectMultiScale() 函数返回的每个目标的人脸起始坐

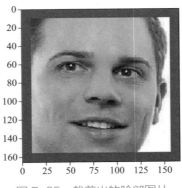

图 7-25 裁剪出的脸部图片

标以及宽高，并在绘制好矩形框的检测结果图像中进行裁剪，再将裁剪后的人脸图片通过 append() 增加到创建好的列表中，最后就可以通过 plt.imshow() 函数进行显示。

7.4.2　眼睛检测实例

除了基本的人脸检测外，OpenCV 还包含用于检测眼睛的模型，用于眼睛检测的对象是 "haarcascades_frontalface_default.xml"，将其导入并存储在名为 ed 的变量中。

```
ed = cv2.CascadeClassifier(cv2.data.haarcascades +
'haarcascade_eye.xml')
```

接下来导入另一张小女孩的图片，并用与 7.4.1 小节中同样的方式读取并转换为灰度模式进行显示，如图 7-26 所示。

```
img = cv2.imread("girl_1.jpg")
RGB_img = cv2.cvtColor(img, cv2.COLOR_BGR2RGB)
plt.imshow(RGB_img)
GR_img = cv2.imread(r"girl_1.jpg", 0)
plt.imshow(GR_img, cmap ="gray")
```

图 7-26　小女孩图片及其灰度图像

运行上述代码得到如图 7-26 所示的灰度图像后，通过 detectMultiScale() 函数来检测小女孩图像中的眼睛，如图 7-27 所示。

```
er = ed.detectMultiScale(GR_img, scaleFactor = 1.3,
minNeighbors = 5, minSize=(30,30))
face_img = RGB_img.copy()
for (x,y,width,height) in er:
    cv2.rectangle(face_img, (x,y), (x + width,
y + height), (0,255,0), 20)
plt.imshow(face_img)
```

图 7-27　检测出小女孩脸部眼睛的图片

上述代码与 7.4.1 小节中进行人脸检测的部分类似，同样是备份图片、获取坐标并绘制边界框。运行代码后可以得到如图 7-27 所示的检测出小女孩眼睛的图片，可以看出 Haar 分类器成功地检测出了小女孩的一对眼睛，但也将背景板上的图案误判为眼睛。同样，可以试着调整参数以获取更优的结果。

附
录

附录一　优化基础

1. 极值与最值

无论是工作、学习还是生活，人们最常遇到的问题都可以转换为探寻最大与最小的问题。比如说企业需要在一定的约束下满足利润的最大化，货比三家则是为了找到同类商品的最低价格。前面讲过，人们的决策可以从某种程度上抽象成函数进行求解。因此需要先了解几个概念：极大值、极小值、最大值与最小值。

函数 $f(x)$ 在 x_0 及其附近有定义，假如 $f(x_0)$ 的值比在 x_0 附近所有各点的函数值都大，则 $f(x_0)$ 是函数 $f(x)$ 的一个极大值。同理，可以得到极小值的定义。极大值与极小值统称为极值。

以函数 $f(x)=x^3-3x+3$ 所在区间 $(-2,2)$ 为例，如附图 1 所示，$f(x)$ 在 $(-2,-1)$ 内为增函数，在 $(-1,1)$ 内为减函数，因为 $f(-1)=5$ 比附近所有点的函数值都大，因此就是极大值。由于 $f(x)$ 在区间 $(1,2)$

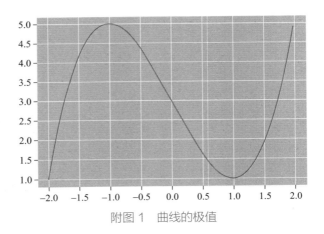

附图 1　曲线的极值

视觉感知：深度学习如何知图辨物

内是增函数，$f(1)=1$ 比附近所有点的函数值都小，因此就是极小值。

极值与最值容易搞混，它们既有区别又有联系：函数的极值与某点附近函数值有关，反映局部属性，最值则是与函数在整个区间有关，反映全局属性。

某闭区间内函数可能具有多个极值，也可能没有极值，但是最大值和最小值有且仅各有一个。极值必定在区间内部取得，函数的最值可以在区间内部取得，也可以在区间端点取得。以附图 2 为例，$x_2, x_3, x_4, x_5, x_6, x_7$ 显然都是极值点，具有多个极值，其中，x_2, x_4, x_6 为极大值点，x_3, x_5, x_7 为极小值点。但是根据附图 2 可以看到，最大值点为 x_8，在端点取得，最小值点为 x_7，是区间内部的某极小值。

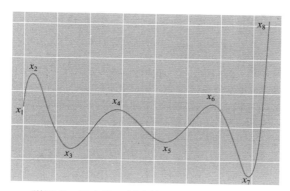

附图 2　极小值、极大值、最小值与最大值

2. 优化——机器学习的目标

学习、工作与生活中优化问题无处不在，比如在生产领域，一些厂家生产商品时，需要考虑在一定的约束条件下尽可能多生产商品，这种问题就是含有约束条件的优化问题。

比如某家生产厂商生产三种产品时的设备所用时间以及调试时间如附表 1 所示。

附表 1　厂商生产信息表

项目	产品 1	产品 2	产品 3	每天可用时间
设备 1 时间 /h	0	5	4	15
设备 2 时间 /h	6	2	0	24
利润 / 万元	200	100	100	—

那么该利润最大化问题的目标函数可以表示如下：

$$\max_x z = 2x_1 + x_2 + x_3$$

式中，$x_i, i=1,2,3$，表示三种产品的产量。

此时还需要满足一些约束条件（constraints），比如：

- 产量不能为负：$x_1 \geqslant 0, x_2 \geqslant 0, x_3 \geqslant 0$
- 设备 1 的时间约束：$5x_2 + 4x_3 \leqslant 15$
- 设备 2 的时间约束：$6x_1 + 2x_2 \leqslant 24$

在一些人工智能的机器学习或者专门介绍优化的书中，约束条件往往用"s.t."表示，为"subject to"单词的缩写，即"受限制于"的意思。

其实，在机器学习中，很多问题的最终求解都是以这种目标函数加约束条件的形式出现的，比如本书中出现的支持向量机等。

在解决优化问题之前，先介绍一个非常有用的 Python 库——SciPy 库。SciPy 库用于科学计算等，包含优化、线性代数、积分、插值、特殊函数、快速傅里叶变换、信号和图像处理、常微分方程求解和其他科学与工程中常用的计算。

对于上述求最大值的目标函数，通常在利用一些软件或者库求解时需要转换形式，比如将求最大问题转化为求最小问题，因此上述最大值问题可以转化为：

$$\max_x z = -2x_1 - x_2 - x_3$$

　视觉感知：深度学习如何知图辨物

```
from scipy.optimize import linprog
c = [-2,-1,-1]                    # 目标函数
A = [[0,5,4], [6,2,0]]      # 决策变量的系数
b = [15,24]
# 决策变量的上下限
x0_bounds = (0, None)
x1_bounds = (0, None)
x2_bounds = (0, None)
res = linprog(c, A_ub=A, b_ub=b, bounds=[x0_bounds,
x1_bounds,x2_bounds])
print(res)
```

结果如下所示。从结果中可以看到，在约束条件的范围内，当 x_1=4，x_2=0，x_3=3.75 的时候，原目标函数有最大值 11.75。

```
    con: array([], dtype=float64)
    fun: -11.749999975729427
message: 'Optimization terminated successfully.'
    nit: 4
  slack: array([2.14546070e-08, 3.45861295e-08])
 status: 0
success: True
      x: array([3.99999999e+00, 8.04895901e-09, 3.74999998e+00])
```

面对带有约束的非线性优化问题，利用 SciPy 库也很容易求得结果。有如下目标函数方程及约束条件：

$$\min_{x} z = (x_1 - 1)^2 + (x_2 - 2.5)^2$$

受限制于
$$\begin{cases} x_1 - 2x_2 + 2 \geqslant 0 \\ -x_1 - 2x_2 + 6 \geqslant 0 \\ -x_1 + 2x_2 + 2 \geqslant 0 \\ x_1 \geqslant 0 \\ x_2 \geqslant 0 \end{cases}$$

目标函数的图像如附图 3 所示。

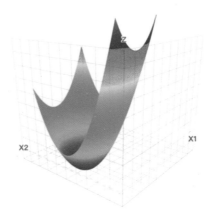

附图 3　目标函数图像

调用 scipy.optimize 中的 minimize 函数，通过定义目标函数和约束条件进行求解。

```python
from scipy.optimize import minimize
# 定义目标函数
fun = lambda x: (x[0] - 1)**2 + (x[1] - 2.5)**2
# 定义约束条件
cons = ({'type': 'ineq', 'fun': lambda x:  x[0] - 2 *
        x[1] + 2},
         {'type': 'ineq', 'fun': lambda x: -x[0] - 2 *
        x[1] + 6},
         {'type': 'ineq', 'fun': lambda x: -x[0] + 2 *
        x[1] + 2})
bnds = ((0, None), (0, None))

res = minimize(fun, (2, 0), method='SLSQP',
bounds=bnds, constraints=cons)
print(res)
```

结果显示如下。从结果中可以得知，当 x_1=1.4，x_2=1.7 时，目标函数具有最小值 0.8。

```
    fun: 0.8000000011920985
    jac: array([ 0.80000002, -1.59999999])
message: 'Optimization terminated successfully'
   nfev: 10
    nit: 3
   njev: 3
 status: 0
success: True
      x: array([1.4, 1.7])
```

3. 梯度下降

前面已经介绍了极值的概念，很多优化问题可以转换为寻找极值。简单介绍一个人工智能算法中最常涉及的方法——梯度下降法。

以寻求函数 $y=f(x)=x^2-4x+4$ 极小值的问题为例。梯度下降法如下所示：

$$x := x - \eta\frac{\mathrm{d}y}{\mathrm{d}x}$$

式中，":="表示一种赋值；η 是学习率（learning rate），属于人工智能算法中的一个超参数；$\dfrac{\mathrm{d}y}{\mathrm{d}x}$ 是之前学到的导数，$\dfrac{\mathrm{d}y}{\mathrm{d}x} = 2x - 4$。

设 $\eta=1$，假如从 $x=5$ 开始寻找极值，利用梯度下降法迭代结果如下：

第 1 轮：$x := 5 - 1 \times (2 \times 5 - 4) = -1$

第 2 轮：$x := -1 - 1 \times [2 \times (-1) - 4] = 5$

第 3 轮：$x := 5 - 1 \times (2 \times 5 - 4) = -1$

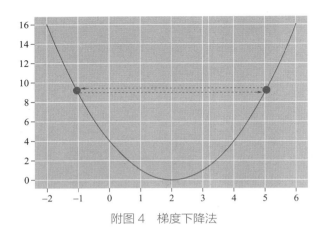

附图4　梯度下降法

根据迭代结果，如附图4所示，可以看到迭代不断在5与-1之间来回摆动。通常，学习率越大，有可能直接"跨过"极值点，学习率越小，尽管"跨过"极值点的可能性降低，但是会增加"学习"时间。

假如学习率 $\eta=0.1$，还是以 $x=5$ 开始寻找极值，并且将精度（precision）设置为0.01，则迭代结果如下：

第0轮：$x := 5 - 0.1 \times (2 \times 5 - 4) = 4.4$

第1轮：$x := 4.4 - 0.1 \times (2 \times 4.4 - 4) = 3.92$

第2轮：$x := 3.92 - 0.1 \times (2 \times 3.92 - 4) = 3.53$

第3轮：$x := 3.53 - 0.1 \times (2 \times 3.53 - 4) = 3.22$

第4轮：$x := 3.22 - 0.1 \times (2 \times 3.22 - 4) = 2.98$

第5轮：$x := 2.98 - 0.1 \times (2 \times 2.98 - 4) = 2.78$

……

第28轮迭代后达到精度要求，此时极小值为2.004，如附图5所示，横轴代表迭代数，纵轴代表该轮的极小值。从附图5中可以看出，从第16轮开始，收敛速度（rate of convergence）逐渐缓慢。

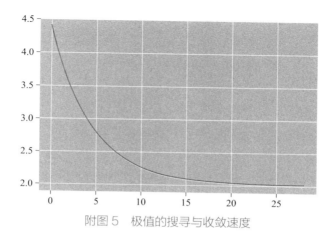

附图 5 极值的搜寻与收敛速度

附录二　神经网络代码

以下为第 3 章中所涉及的 bpnn.py 的代码内容。

```python
import numpy as np

# sigmoid 激活函数


def sigmoid_forward(x):
  return 1 / (1 + np.exp(-x))


def sigmoid_backward(sigmoid):
  return sigmoid * (1 - sigmoid)


# 损失函数

def mse_loss(y, y_pred):   # 最小均方误差损失函数
  return np.square(np.subtract(y, y_pred)).mean()


def cross_entropy_loss(y, y_pred):   # 交叉熵损失函数
  return -np.sum(y * np.log(y_pred + 1e-9))


# BP 神经网络
class BpNeuralNetwork:
  # 初始化神经网络
  def __init__(
```

```python
    self, layer_nodes, learning_rate,
    loss_function=mse_loss,
    print_detail=False):

    # 设置层数
    self.layer_number = len(layer_nodes)

    # 设置每层节点个数
    self.layer_nodes = layer_nodes

    # 设置学习率
    self.learning_rate = learning_rate

    # 设置损失函数
    self.loss_function = lambda x, y:\
        loss_function(x, y)


    # 定义每层的权重矩阵列表，输出列表和各层的损失列表
    # 为便于理解，用大写字母 M、N、O 表示连续的三层的
    # 节点个数：··· -> M -> N -> O -> ···


    # 每层的「输出」是一个 N×1 的二维矩阵，
    # 所有层的「输出」保存为矩阵列表
    self._outputs = [np.zeros(0)] *\
        self.layer_number
    # 每层的「权重」是一个 N×M 的二维矩阵，
    # 所有层的「权重」保存为矩阵列表（输入层没有权重）
    self._weights = [np.zeros(0)] *\
        self.layer_number
    # 每层的「损失」是一个 N×1 的二维矩阵，
    # 所有层的「损失」保存为矩阵列表（输入层没有损失）
    self._errors = [np.zeros(0)] *\
        self.layer_number
```

```python
    # 初始化权重矩阵列表 [[NxM], ···]
    for i in range(1, self.layer_number):
      self._weights[i] = np.random.normal(
        0.0, 0.1, (
          self.layer_nodes[i],
          self.layer_nodes[i - 1]
        ))

    self._b = [0] * self.layer_number

    self._print_detail = print_detail

  # 训练神经网络
  def train(self, inputs, targets):
    self._forward(inputs)
    return self._backward(targets)

  # 预测
  def predict(self, inputs_list):
    return self._forward(inputs_list)

  def set_weights_and_b(self, weights, b):
    self._weights = weights
    self._b = b

  # 做一次前向传播，计算神经网络输出结果
  def _forward(self, inputs_list):
    self._print("\n# forward\n")

    # 将输入数据转换为 M×1 形式的二维矩阵,
    # 便于后面做矩阵乘积
    inputs = np.array(
      inputs_list,
```

```
            ndmin=2).T   # M×1

    # 输入数据即为输入层的输出数据
    self._outputs[0] = inputs
    self._print("## layer: 0")
    self._print("layer 0 output:\n",
            self._outputs[0])


    # 从第一层开始，计算每层的输出结果
    for i in range(1, self.layer_number):
        # 计算每层的输入参数
        # [N×M] * [M×1] = [N×1]
        layer_inputs = np.dot(
            self._weights[i],
            self._outputs[i - 1]
        ) + self._b[i]
        # 计算每层的输出结果
        # [N×1] => [N×1]
        layer_outputs = sigmoid_forward(
            layer_inputs)
        # 保存每层的输出结果
        self._outputs[i] = layer_outputs

        self._print("## layer:", i)
        self._print("layer %d weight:\n" % i,
                self._weights[i])
        self._print("layer %d b%d:" % (i, i),
                self._b[i])
        self._print("layer %d inputs:\n" % i,
                layer_inputs)
        self._print("layer %d output:\n" % i,
                self._outputs[i])


    # 最后一层的输出结果为最终输出结果
```

```python
        final_outputs = self._outputs[-1]

        # 返回最终输出结果
        return final_outputs.T[0]

    # 做一次后向传播，调整各个权重值
    def _backward(self, targets_list):
        self._print("\n# backward\n")

        # 将目标列表转变成 Nx1 形式的矩阵，便于矩阵乘积
        targets = np.array(
            targets_list,
            ndmin=2).T     # N×1

        end_layer = self.layer_number - 1

        loss = self.loss_function(
            targets,
            self._outputs[end_layer])

        # 从最后一层开始，计算各层误差
        # (第 0 层输入层没有误差，不计算)
        for i in range(end_layer, 0, -1):
            if i == end_layer:
                # N×1 - N×1 => N×1
                self._errors[i] =\
                    self._outputs[i] - targets
            else:
                # transpose(O×N) * O×1 => N×1
                self._errors[i] = np.dot(
                    self._weights[i + 1].T,
                    self._errors[i + 1] *
                    sigmoid_backward(
                        self._outputs[i + 1]))
```

```
# 从最后一层开始，调整各层权值
# （第 0 层输入层没有权值，不计算）
for i in range(end_layer, 0, -1):
    d_error_output = self._errors[i]
    d_output_input = sigmoid_backward(
        self._outputs[i])
    d_input_weight = np.transpose(
        self._outputs[i - 1])
    d_error_weight = np.dot(
        d_error_output * d_output_input,
        d_input_weight)
    delta_weight = self.learning_rate *\
        d_error_weight
    self._weights[i] -= delta_weight

    self._print(
        "layer %d d_error_output:\n" % i,
        d_error_output)
    self._print(
        "layer %d d_output_input:\n" % i,
        d_output_input)
    self._print(
        "layer %d d_input_weight:\n" % i,
        d_input_weight)
    self._print(
        "layer %d d_error_weight:\n" % i,
        d_error_weight)
    self._print(
        "layer %d   delta weight:\n" % i,
        delta_weight)
    self._print(
        "layer %d updated weight:\n" % i,
        self._weights[i])
```

```
        return loss

    def _print(self, *args):
        np.set_printoptions(precision=4)
        if self._print_detail:
            print(*args)
```

附录三 腾讯扣叮 Python 实验室：Jupyter Lab 使用说明

本书中展示的代码及运行结果都是在 Jupyter Notebook 中编写并运行的，并且保存后得到的是后缀名为 ipynb 的文件。

Jupyter Notebook（以下简称 jupyter），是 Python 的一个轻便的解释器，它可以在浏览器中以单元格的形式编写并立即运行代码，还可以将运行结果展示在浏览器页面上。除了可以直接输出字符，还可以输出图表等，使得整个工作能够以笔记的形式展现、存储，对于交互编程、学习非常方便。

一般安装了 Anaconda 之后，jupyter 也被自动安装了，但是它的使用还是较为复杂，也比较受电脑性能的制约。为了让读者更方便地体验并使用本书中的代码，在此介绍一个网页版的 jupyter 环境，也就是腾讯扣叮 Python 实验室人工智能模式的 Jupyter Lab，如附图 6 所示。

附图 6　Python 实验室欢迎页插图
（见前言二维码中网址 15）

人工智能模式的 Jupyter Lab 将环境部署在云端，以云端能力为核心，利用腾讯云的 CPU/GPU 服务器，将环境搭建、常见库安装等能力预先部署，可以为使用者省去不少烦琐的环境搭建时间。Jupyter Lab 提供脚本与课件两种状态，其中脚本状态主要以 py 格式文件开展，还原传统 Python 程序场景，课件状态属于 Jupyter 模式（图文 + 代码），如附图 7 所示。

附图 7　Jupyter Lab 的单核双面

　　打开网址后，会看到附图 8 所示的启动页面，需要先点击右

附图 8　腾讯扣叮 Python 实验室 Jupyter Lab 启动页面

　视觉感知：深度学习如何知图辨物

上角的登录，不需要提前注册，使用 QQ 或微信都可以扫码进行登录。登录后可以正常使用 Jupyter Lab，而且也可以将编写的程序保存在头像位置的个人中心空间内，方便随时随地登录调用。想要将程序保存到个人空间，在右上角输入作品名称，再点击右上角黄色的保存按钮即可。

在介绍完平台的登录与保存之后，接下来介绍如何新建文件、上传文件和下载文件。想要新建一个空白的 ipynb 文件，可以点击附图 9 启动页 Notebook 区域中的"Python3"按钮。点击之后，会在当前路径下创建一个名为"未命名 .ipynb"的 Notebook 文件，启动页也会变为一个新的窗口，如附图 10 所示，在这个窗口中，可以使用 Jupyter Notebook 进行交互式编程。

附图 9　启动页 Notebook 区域

附图 10　未命名 .ipynb 编程窗口

如果想要上传电脑上的 ipynb 文件，可以点击附图 11 启动页左上方四个蓝色按钮中的第 3 个按钮：上传按钮。四个蓝色按钮的功能从左到右依次是：新建启动页、新建文件夹、上传本地文件和刷新页面。

附图 11　启动页左上方蓝色按钮

点击上传按钮之后，可以在电脑中选择想上传的 ipynb 文件，这里上传一个 SAT_3.ipynb 文件进行展示，上传后在左侧文件路径下会出现一个名为 SAT_3.ipynb 的 Notebook 文件，如附图 12 所示，但是需要注意的是，启动页并不会像创建文件一样，出现一个新的窗口，需要在附图 12 左侧的文件区找到名为 SAT_3.ipynb 的 Notebook 文件，双击打开，或者右键选择文件打开，打

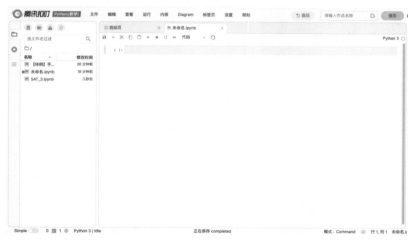

附图 12　上传文件后界面

视觉感知：深度学习如何知图辨物

开后会出现一个新的窗口，如附图 13 所示，可以在这个窗口中编辑或运行代码。

附图 13　双击打开文件后界面

想要下载文件的话，可以在左侧文件区选中想要下载的文件，然后右键点击选中的文件，会出现如附图 14 所示的指令界面，选

附图 14　右键点击文件后指令界面

择下载即可，如果想修改文件名称的话可以点击重命名，如果想删除文件的话可以点击删除，其他功能读者可以自行探索。

　　在介绍完如何新建文件、上传文件和下载文件之后，接下来介绍如何编写程序和运行程序。Jupyter Notebook 是可以在单个单元格中编写和运行程序的，这里回到未命名 .ipynb 的窗口进行体验，点击上方文件的窗口名称即可跳转。先介绍一下编辑窗口上方的功能键，如附图 15 所示，它们的功能从左到右依次是：保存、增加单元格、剪切单元格、复制单元格、粘贴单元格、运行单元格程序、中断程序运行、刷新和运行全部单元格。代码代表的是代码模式，可以点击代码旁的小三角进行模式的切换，如附图 16 所示，可以使用 Markdown 模式记录笔记。

附图 15　编辑窗口功能键

附图 16　代码模式与 Markdown 模式切换

　　接下来在单元格中编写一段程序，并点击像播放键一样的运行功能键，或者使用"ctrl+Enter 键"（光标停留在这一行单元格）运行，并观察一下效果，如附图 17 所示，其中灰色部分是编写程序的单元格，单元格下方为程序的运行结果。

　　在 jupyter 里面不使用 print() 函数也能直接输出结果，当然使用 print() 函数也没问题。不过如果不使用 print() 函数，当有多个

附图 17　单元格内编写并运行程序

输出时，可能后面的输出会把前面的输出覆盖。比如在后面再加上一个表达式，程序运行效果如附图 18 所示，单元格只输出最后的表达式的结果。

附图 18　单元格内两个表达式运行结果

想要添加新的单元格的话可以选中一行单元格之后，点击上面的"+"号功能键，这样就在这一行单元格下面添加了一行新的单元格。或者选中一行单元格之后直接使用快捷键"B 键"，会在这一行下方添加一行单元格。选中一行单元格之后使用快捷键"A键"，会在这一行单元格上方添加一行单元格。注意，想要选中单元格的话，需要点击单元格左侧空白区域，选中状态下单元格内是不存在鼠标光标的。单元格显示白色处于编辑模式，单元格显示灰色处于选中模式。

　　想要移动单元格或删除单元格的话，可以在选中单元格之后，点击上方的"编辑"按钮，会出现如附图 19 所示的指令界面，可以选择对应指令，上下移动或者删除单元格，删除单元格的话，选中单元格，按两下快捷键"D 键"或者右键点击单元格，选择删除单元格也可以。其他功能读者可以自行探索。

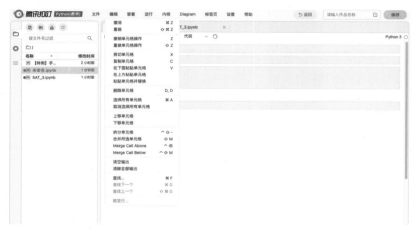

附图 19　编辑按钮对应指令界面

　　最后介绍如何做笔记和安装 Python 的第三方库，刚才介绍了单元格的两种模式：代码模式与 Markdown 模式。把单元格的代码模式改为 Markdown 模式，程序执行时就会把这个单元格当成是文本格式。可以输入笔记的文字，还可以通过"# 号"加空格控制文字的字号，如附图 20 与附图 21 所示。可以看到的是，在 Markdown 模式下，单元格会转化为文本形式，并根据输入的"# 号"数量进行字号的调整。

　　想要在 jupyter 里安装 Python 第三方库的话，可以在单元格里输入：! pip install 库名，然后运行这一行单元格的代码，等待即

　视觉感知：深度学习如何知图辨物

附图 20　Markdown 模式单元格编辑界面

附图 21　Markdown 模式单元格运行界面

可。如附图 22 所示。不过腾讯扣叮 Python 实验室的 Jupyter Lab 已经内置了很多常用的库，读者如果在编写程序中，发现自己想要调用的库没有安装，可以输入并运行对应代码进行 Python 第三方库的安装。

附图 22　Python 第三方库的安装